MACHINE LEARNING AND ASSET PRICING

机器学习与资产定价

吴辉航 魏行空 张晓燕 著

清華大學出版社
北 京

内容简介

本书系统性地介绍了资产定价和机器学习算法的基础理论与实践知识，并以机器学习算法应用于中国股票市场资产收益率预测项目为案例，具体展示了机器学习算法落地应用于中国金融业界的流程和效果。本书主要内容包括资产定价基础方法、机器学习算法评估知识、线性机器学习模型、回归树类机器学习模型、神经网络模型、中国股票市场制度背景、机器学习项目的数据清洗过程和机器学习项目的实践案例。本书在写作过程中尽可能地减少专业词汇，使内容通俗易懂。本书适合高校中高年级本科生、研究生和对从事量化金融感兴趣的人阅读。

图书在版编目(CIP)数据

机器学习与资产定价/吴辉航，魏行空，张晓燕著. —北京：清华大学出版社，2022.3(2022.12重印)

ISBN 978-7-302-60155-5

Ⅰ. ①机… Ⅱ. ①吴… ②魏… ③张… Ⅲ. ①机器学习－基本知识 ②资产评估－基本知识 Ⅳ. ①TP181 ②F20

中国版本图书馆CIP数据核字(2022)第030434号

责任编辑：张 伟
封面设计：李召霞
责任校对：王荣静
责任印制：宋 林

出版发行：清华大学出版社
网 址：http://www.tup.com.cn，http://www.wqbook.com
地 址：北京清华大学学研大厦A座 **邮 编**：100084
社 总 机：010-83470000 **邮 购**：010-62786544
投稿与读者服务：010-62776969，c-service@tup.tsinghua.edu.cn
质量反馈：010-62772015，zhiliang@tup.tsinghua.edu.cn
印 装 者：三河市东方印刷有限公司
经 销：全国新华书店
开 本：148mm×210mm **印 张**：7.625 **字 数**：202千字
版 次：2022年4月第1版 **印 次**：2022年12月第2次印刷
定 价：79.00元

产品编号：095399-01

序

2019年12月，我受邀来到清华大学五道口金融学院讲授金融学前沿研究课程，主要介绍统计和机器学习方法在资产定价中的应用。这个研究方向当时正处于探索和起步阶段，我来到清华大学开设这门课程正是希望把一些新兴的研究课题介绍给国内的学生，请学生们一起参与到研究工作中。

吴辉航博士当时正在五道口金融学院张晓燕教授的指导下进行金融科技在中国资产管理领域落地的相关研究。他也自然而然地担任了这门课程的助教。我的研究主要基于美国的证券市场，因此我非常想知道我们的研究发现是否能拓展到国内市场。吴辉航博士的研究对这个问题给出了肯定的答案。他进一步证实了机器学习方法比一些传统方法在A股市场能够取得更大的收益。这些研究成果形成的论文也在“第二届中国金融学术与政策论坛(2019)”和“2019年中国金融科技学术年会”等会议上进行了展示，获得了好评。这项研究也是机器学习在国内市场落地最早的实证结果。本书的第七章至第九章对此也有详细的阐述，因此对于国内证券市场的实证研究具有很重要的参考价值。

机器学习与资产定价一直有着千丝万缕的联系。机器学习算法中的降维和变量选择的思想在资产定价领域已经被广泛应用。早期的金融学者以经济理论作为先验知识来选择股票市场的重要特征，并基于这些特征对股票进行打分排序，从而构建资产组合来描述这些特征所反映的相关风险因子。这种方法的提出本质上就是为了解决股票市场中的非线性、低信噪比以及维数诅咒等核心问题。随着金融学发展的深入，类似的经典方法已经不能满足实证研究的需要，从而产生了因子动物园、数据窥探等一系列问题，甚至引发了学者对于金融实证研究的可复制性的担忧。

近几年来，统计和机器学习领域发展并完善了很多数据探索和预测的方法。这些新的方法可以作为经济理论的补充，为资产定价实证研究中遇到的上述挑战提供新的基于数据驱动的解决方案。结合这些新的方法可以帮助经济学家得到更加严谨、稳健的实证结果。这些结果仅仅通过经济理论本身的指导可能很难得到。另外，使用这些方法从数据中获得的见解也可以进一步为经济理论的改进指明方向。本书的第三章至第六章基于方法论提供了详细的介绍。

机器学习既不是经验主义的灵丹妙药，也不是经济理论的替代品。它虽然有助于我们理解数据中蕴含的潜在规律，但金融理论仍然是实证资产定价问题中不可或缺的组成部分。在我看来，未来实证资产定价研究最有希望的方向之一正是融合经济理论和机器学习。就资产定价理论而言，这是一场自然而然的联姻，因为资产的价格反映的是投资者对未来价格的预期，而不同投资者对资产价格的预期，最终将会以微妙、复杂，有时甚至令人惊讶的方式使得资产价格发生变化。机器学习提供了丰富而完备的数据驱动框架，可以有效地挖掘和展现投资者的预期。本书的第一章和第十章对此也有深入的探讨。

本书是目前少有的关于中国市场在这个方向的专著。本书覆盖的内容广、数据翔实、逻辑清晰、行文风趣。我相信本书的问世能够为苦恼于如何将机器学习应用于金融实践的朋友答疑解惑。

修大成

芝加哥大学布斯商学院计量经济学与统计学教授

清华大学五道口金融学院特聘教授

前　言

机器学习模型作为人工智能(AI)核心技术之一,历史性地站在了时代的风口,正在对人类经济社会各行各业的发展造成颠覆性冲击。特别是在金融行业这样数据信噪比低、特征维度高、相互关系复杂的业务场景中,机器学习算法有着广阔的应用空间。中国政府也在持续推出宏观政策,鼓励支持人工智能技术在金融行业的推广和落地。2019 年 8 月中国人民银行印发的《金融科技(FinTech)发展规划(2019—2021 年)》中明确指出金融科技发展的重点任务之一为:合理运用金融科技手段丰富服务渠道、完善产品供给、降低服务成本、优化融资服务,提升金融服务质量与效率,使金融科技创新成果更好地惠及百姓民生。

如今人工智能技术正在如火如荼地发展,但是机器学习算法究竟好在什么地方?适合应用于解决金融行业的什么问题?如何把它应用在实际的业务场景中?这一系列的问题时刻困扰着金融行业的从业人员。尽管目前市面上有着很多优秀的机器学习书籍,也有着很多金融学的经典讲义,但是大部分的书都只是基于各自学科的特点编写,仅聚焦于机器学习或者金融某单一角度,且缺少关键落地场景。读者在学习完机器学习算法原理之后,并不清楚学到的方法应该如何实际应用。

本书在将作者多年从事研究的机器学习算法应用于中国股票市场资产收益率预测研究的基础上,补充了大量的基础理论和代码实践内容,希望以一个具体的机器学习应用于金融场景的项目,帮助读者达到以下学习目标:①掌握传统资产定价领域中的基础分析工具和方法;②理解基本的机器算法原理;③掌握机器学习算法解决资产定价实际问题的具体代码实现过程。

具体而言，本书共有10章，分为三个部分。第一部分为前两章，介绍了资产定价研究的相关基础内容：第一章为引言，详细阐述了为什么资产定价需要机器学习；第二章介绍了资产定价的核心问题——股票预期收益率，并详细介绍了资产定价领域的各种方法。第二部分为第三章至第六章，介绍了机器学习算法知识。第三章介绍了机器学习模型评估知识；第四章介绍了线性机器学习模型；第五章介绍了回归树类机器学习模型；第六章介绍了神经网络模型。第三部分为第七章至第十章，详细介绍了机器学习项目落地具体过程。第七章为中国股票市场制度背景介绍；第八章介绍了机器学习项目的数据清洗过程和步骤；第九章为机器学习在中国金融市场中的实证应用；第十章为结语，对本书内容进行了总结，并对未来研究进行了展望。

需要说明的是，机器学习本身也是一门新兴学科，各种先进的算法和模型日新月异，本书仅仅覆盖了传统机器学习领域最主流和经典的方法，并没有讨论前沿的机器学习算法。尽管本书使用的机器学习算法在统计学理论文献中并不算新颖，但是实证结果表明，即使是传统的机器学习算法，在解决资产定价的很多问题中也都取得了不错的成果。此外，机器学习在资产定价领域的应用非常广泛，本书的案例分析聚焦在股票预测收益率这个重要而且非常具有代表性的问题上，机器学习在金融领域的更多应用和实践，也等待着各位读者自行探索。

本书在写作过程中得到了周围很多同学、同事、朋友和家人的帮助，在此向他们表达最真诚的感谢。特别需要说明的是，本书机器学习部分的实证设计很多都参考芝加哥大学修大成教授、顾诗颢博士和耶鲁大学Kelly教授2020年发表于金融学顶级期刊*Review of Financial Studies*上面的论文。作者在开展中国的资产定价研究过程中，也得到了修大成教授和顾诗颢博士很多实际代码上的解惑和帮助。此外，本书的写作获得了清华大学五道口金融学院的很多老师和同学的支持与帮助，他们是(按姓氏拼音顺序)：博士后李志勇、乔芳和张远远；博士生葛慧敏、柯烁佳、李东枝、马腾、谭琳、张子健、张欣然；研究员柯岩、寻朔、殷子涵。本书的出版感谢国家自然科学基金赞助(项目号：71790605)。

本书的目标读者为以下两类人群：①高校中高年级本科生和研究生。越来越多的院校开始开设金融科技专业，培养学生在金融、计算机和统计方面的交叉复合研究能力，如上海财经大学金融学院在2019年开设金融科技项目。本书可以帮助学生了解基础的金融学和机器学习概念。②对从事量化金融感兴趣的人。很多计算机、数学等工科背景的人，对从事量化投资非常感兴趣，他们想要了解自己掌握的工具如何在金融领域发挥作用，本书可以帮助他们理解整个量化投资项目的过程。

为了让大家能够更好地上手项目，本书在很多案例中都给出相应的Python代码。Python语言已经成为最受欢迎的程序设计语言之一，由于Python语言的简洁性、易读性以及可扩展性，很多业界和学界都把它作为员工和科研人员的必备技能。此外，本书还会涉及十分经典的科学计算扩展库：NumPy、pandas、SciPy、matplotlib、sklearn、tensorflow，它们分别为Python提供了快速数组处理、数据清洗、数值运算、绘图功能、机器学习算法包和深度学习算法包。借助这些扩展库，你可以很容易在你自己的笔记本电脑上搭建起一个机器学习模型。建议大家搭配Jupyter Notebook来进行数据清洗以及内容的展示和呈现，Jupyter Notebook的本质是一个Web应用程序，便于创建和共享文学化程序文档，支持实时代码、数学方程、可视化和markdown。如果你对Python或者上面这些工具库不是特别了解，建议你花几个小时去网上找视频学习一下，就算你未来不做量化金融，这些新工具也可能会对你的工作有所帮助。

本书的主要内容来源于作者撰写的学术论文，通篇的实证结果是严格按照学术研究的标准而得出的。本书尽可能详细地公开代码，让实证结果可以被更多人复现，让结果更令人信服。本书为需要编程的绝大部分内容都提供了实战的代码，并对代码做了解释和说明,目的是让读者在阅读本书的过程中,真正能够上手这个项目,在学习之后,自己能够举一反三,将机器学习方法应用在学习和工作的其他场合中。

作　者

2021年10月

目　录

第一章

引言：为什么资产定价需要机器学习

第一节　资产定价的核心问题：为什么不同的资产会有不同的收益

一、什么是资产定价

资产定价是金融学中最重要的主题之一，它试图回答资产价格是如何被决定的这一重要问题。为了让大家更好地理解资产定价要解决的问题，我们以一个非常简单的股票资产投资问题为例来解释这个问题。

假设现在是 2021 年 4 月 30 日，你手上有 100 万元，投资期限为 1 个月，你希望投资在中国股票市场从而获取投资回报。目前进入你视野的有两只股票，分别是贵州茅台（600519. SH）和长江电力（600900. SH），你的任务是在这两只股票中选择一只来进行投资，投资目标是在 1 个月后卖出股票，使得你的投资回报最大（为了简化问题，先不考虑风险因素），你需要如何科学地进行投资决策呢？

二、CAPM

首先介绍一下大名鼎鼎的资本资产定价模型（capital asset pricing model，CAPM）。CAPM 是由美国学者威廉·夏普（William Sharpe）、林特尔（John Lintner）、特里诺（Jack Treynor）和莫辛（Jan Mossin）等人于 1964 年在资产组合理论和资本市场理论的基础上发展起来的。为了让大家更容易理解资产定价理论的实际作用，本书不去涉及 CAPM 的推导和证明过程，直接给出 CAPM，资产的预期超额收益由式(1-1)决定：

$$E[R_i]-R_f=\beta_i(E[R_M]-R_f) \tag{1-1}$$

$$\beta_i=\mathrm{Cov}(R_i,R_M)/\mathrm{var}(R_M) \tag{1-2}$$

其中，$E[\cdot]$为期望符号，$E[R_i]$和 $E[R_M]$分别为资产 i 和市场组合的预期收益率；R_f 为无风险资产收益率。β_i（贝塔值）刻画了不同资产 i 对于市场组合的风险暴露程度，即描绘了不同资产 i 收益率对市场收益率变化的敏感程度。从 CAPM 中我们知道,不同资产的超额收益率只由市场组合的预期收益率和不同资产对市场风险的暴露程度决定。

让我们回到上面的问题,如果我们相信 CAPM 是对的,现在要做的事情只有两件:①估计未来一个月的市场收益率是多少;②分别获取贵州茅台和长江电力的贝塔值。表 1-1 中给出了实际中两只股票和市场的真实数据,接下来就是我们做投资决策的时候了。

表 1-1 现实生活中的数据

股票名称	贝塔值	市场预期收益率/%	个股预期收益率/%	5 月市场实际收益率/%	5 月个股实际收益率/%
2021 年 4 月 30 日投资情况一					
贵州茅台	1.03	0.64	0.66	4.89	10.63
长江电力	0.22		0.14	4.89	−0.57
2021 年 4 月 30 日投资情况二					
贵州茅台	1.03	**−0.64**	−0.66	4.89	10.63
长江电力	0.22		−0.14	4.89	−0.57
股票名称	**贝塔值**	**市场预期收益率/%**	**个股预期收益率/%**	**6 月市场实际收益率/%**	**6 月个股实际收益率/%**
2021 年 5 月 31 日投资情况一					
贵州茅台	1.07	0.64	0.68	−0.67	−6.46
长江电力	0.24		0.15	−0.67	4.07
2021 年 5 月 31 日投资情况二					
贵州茅台	1.07	**−0.64**	−0.68	−0.67	−6.46
长江电力	0.24		−0.15	−0.67	4.07

注:数据为作者基于 Wind 数据整理得到。

从表 1-1 中能够看到,以 2021 年 4 月 30 日的投资决策为例,贵州茅台和长江电力的贝塔值分别为 1.03 和 0.22。长期平均而言,中国股票市场投资组合收益率为 0.64%,如果预期市场在未来一个月的预期收益率和历史平均值相同,下个月会涨 0.64%(情况一),根据 CAPM,这种情况下我们对两只股票的未来预期收益率就是 0.66%和 0.14%,就应该买入贵州茅台这只股票。实际情况下,

2021 年 5 月市场实际收益率为 4.89%，贵州茅台和长江电力的个股实际收益率分别为 10.63%和－0.57%，因此 4 月底按照 CAPM 买入贵州茅台这只股票就是正确的。

如果时间来到 2021 年 5 月 31 日，我们发现两只股票的贝塔值发生了细微的变化，分别为 1.07 和 0.24。你又要面临相同的投资选择，如果你认为 5 月份市场涨了很多，预计 6 月份市场会有回调，预期市场收益率为－0.64%。根据 CAPM，这种情况下我们对两只股票的未来预期收益率就是－0.68%和－0.15%，就应该买入长江电力这只股票。实际情况下，2021 年 6 月市场实际收益率为－0.67%，贵州茅台和长江电力的个股实际收益率分别为－6.46%和 4.07%，5 月底按照模型买入长江电力这只股票就是正确的。

从上面的案例能够清楚地看到资产定价理论模型对于实际投资的重要指导意义。股票的真实收益率由贝塔值[①]和市场预期收益率两者共同决定，如果预期市场会上涨，则应该买入贝塔值高的股票；如果预期市场会下跌，则应该买入贝塔值低的股票。而从两只股票的真实收益率也能看到，其确实与市场真实收益率和其贝塔值相关。

在上面的案例中，聪明的读者可能会注意到，就算用股票的贝塔值乘以市场实际收益率，也无法完全等于股票的真实收益率。这种区别有两种可能：第一种是 CAPM 不足以完全描绘真实的世界，真实的股票收益率可能还受到其他因素的影响，CAPM 并不完整；第二种是上面的案例只看了一期，而且股票数量不够多，从统计上而言，一期两只股票的预测偏差不能说明任何问题。

---

① 另外一个有意思的问题是，CAPM 描述了承担的风险和收益之间关系，模型告诉我们，如果相信市场收益率平均而言是正的话，就应该买入贝塔值高的股票，这样就能够获得更高的收益。承担更高的风险，从而获得更高的收益，好像并没有什么问题。但是从各种实证结果上，我们都会发现“低贝塔异象之谜”：买入贝塔值高的资产组合，未来的预期收益率会更低，反而买入贝塔值低的资产组合，未来的预测收益率会更高。

三、Fama-French 三因子模型

对于上述问题，在金融学领域早就有聪明的学者也发现了。Fama 和 French (1993)在基于美国股票市场收益率的研究中发现，股票的贝塔值不能完全解释不同股票回报率的差异，并进一步在 CAPM 中加入市值因子(small-minus-big，SMB)、账面市值比因子(high-minus-low，HML)来提高模型的解释力。资产定价模型从 CAPM 进一步变成了式(1-3)中的 Fama-French 三因子模型(Fama-French 3-factor model，FF3)。对比两个模型不难发现，Fama-French 三因子模型下，选股票就不仅仅依赖于贝塔值和市场预期收益率两个变量，同样重要的还有资产在市值因子和账面市值比因子的暴露程度。

$$E[R_i]-R_f=\beta_i(E[R_M]-R_f)+\beta_i^{\mathrm{SMB}}(E[R_{\mathrm{SMB}}])+\beta_i^{\mathrm{HML}}(E[R_{\mathrm{HML}}]) \tag{1-3}$$

尽管 Fama-French 三因子模型经常被攻击缺少理论基础，但是不可否认的是，该模型是资产定价论文中不可绕过的一个重要基准模型，论文引用量也在金融学领域高居前列。

四、因子动物园视角

当然，虽然 Fama-French 三因子模型部分程度上弥补了 CAPM 的不足，但是该模型也并不是完美的，很多能够用来预测股票收益率的其他特征并没有被三因子模型覆盖，如股票的动量、盈利、投资等。在此基础上，各种其他的因子模型不断被提出，其中影响力比较大的模型有 Carhart (1997)的动量四因子模型、Novy-Marx (2013)的四因子模型、Fama 和 French (2015)的五因子模型(FF5)、Stambaugh 和 Yuan (2017)的错误定价四因子模型、Hou-Xue-Zhang (2021)的 q 五因子模型。不同的因子模型作者都基于自己对资本市场的理解和严谨的实证结果为人们展示了他们眼中正确的因子模型。

尽管各种各样的因子模型被提出来，但还是有学者源源不断地发现各种股票特征能够显著地预测股票未来的收益率，并且他们发

现的这些特征的信息并没有被上面的因子模型所刻画，学术上把这些不能被因子模型所解释的股票特征称为异象①(anomalies)。Hou等(2020)整理了美国资产定价文献中452个学术异象因子，Hou等(2021)也在中国股票市场整理出426个异象，Jensen等(2021)复现了93个国家的406个能够预测股票未来收益率的特征。每一个特征背后都是一篇已经发表的学术文献，这些文章都基于实证数据表明自己发现的股票特征能够对股票未来的预期收益率起到预测作用。

Cochrane在2011年美国金融学年会上的主题演讲中提道，目前实证资产定价学术领域的关键问题是：我们目前拥有了几百个因子，然而在这个因子动物园中，到底哪些特征真的给未来的预期收益率提供了独立的信息？哪些特征是冗余的？上面的问题并不仅仅是学术问题，也是实际投资中需要面对的问题。当期资产的价格反映出投资者对资产未来预期收益率的折现，投资者在观测到资产如此多的特征时，他们是依据什么信息进行投资决策的？在这个信息量爆炸的时代，投资者面临这么多影响变量，到底该如何进行正确的投资决策？因为不管投资者有多少信息，最后投资者必须作出的投资决策就只有这个资产到底该买多少这一个问题而已。因此，如何找到合适的工具来处理几百个特征的高维信息，实现信息的去噪提纯，成为资产定价领域的一个重要问题。

第二节 当资产定价遇到机器学习

一、什么是机器学习

人工智能先驱Arthur Samuel在1959年创造了“机器学习”一词，他将机器学习描述为“使计算机在没有明确编程的情况下进行学习”。他编写了一个西洋棋程序。这个程序的神奇之处在于，编

---

① 关于股票的某个特征是否能够被称为异象，以及异象的实证检验方法，会在后文中详细阐述。

程者自己并不是个下棋高手，于是就通过编程，让西洋棋程序自己跟自己下了上万盘棋。通过尝试哪种布局（棋盘位置）会赢、哪种布局会输，久而久之，西洋棋程序“学习”了什么是好的布局、什么是坏的布局。“学习”后的西洋棋程序下西洋棋的水平超过了Samuel。

可以把机器学习概念与人的学习行为进行类比。例如，你今天出门，发现天上乌云很多，并且天气非常闷热，蜻蜓都飞得很低，你第一次无视了观察到的这些现象，不带伞出门，结果直接被淋了。通过这次教训，你记住了这个现象和结果。第二天出门时你又发现了类似的情况，这次你就学会带着伞出门了。这个案例如果换成机器学习的话，就是用历史数据去标注天气情况特征（例如天空是否有乌云、湿度、蜻蜓飞的高度等），随后标注当天天气是否下雨作为根据标签训练模型，下次出门的时候，只要给模型输入当天天气情况特征，模型就会预测当天是否下雨了。

机器学习算法有多种多样，目前广泛用于我们的日常生活中，如你平常刷的手机 App 会记录你的兴趣点，并基于机器学习的推荐算法模型给你推送相关广告，去上班时的人脸打卡识别系统背后就基于卷积神经网络（CNN），翻译软件会使用自然语言处理（natural language processing，NLP）模型，在围棋领域战胜人类从而声名鹊起的 AlphaGo 系统就基于深度学习。

二、机器学习的相关术语

人们会根据自己的历史经验，归纳总结出规律，并在未来遇到新的问题时，用这个规律预测这个问题的答案。机器根据历史数据训练模型，当输入新的数据时，根据模型发现的规律来预测未来。机器学习与人的学习行为非常类似，图 1-1 具体展示了两类学习行为之间的异同。下面来介绍机器学习中的相关术语和概念。

进行机器学习的必要前置条件是有历史数据，称为“数据集”，在数据集中每一条记录是关于一个对象的描述，称为“样本”，每一

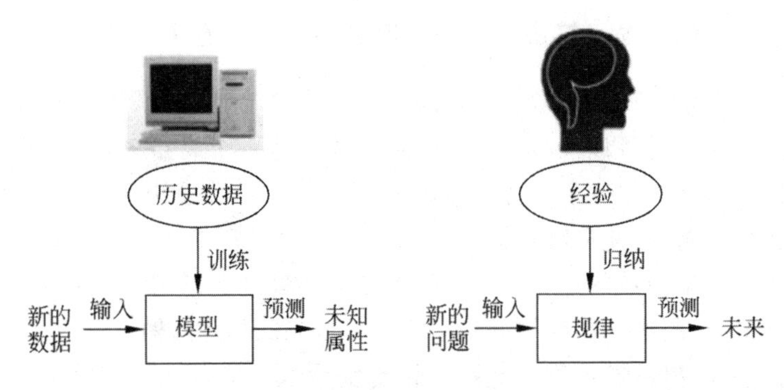

图 1-1　机器学习逻辑与人类学习逻辑示意图

个样本会有很多“特征”来对其进行表现或描述，描述样本的“特征”越多，整个数据的“维度”就越高。从数据集中学得模型的过程称为“训练”，这个过程可以通过执行某种算法来实现。训练过程中使用的数据称为“训练集”，其中每一个样本称为“训练样本”。如果我们的目标是要基于历史数据来进行“预测”，只有样本的特征数据是不够的，还需要获得训练样本结果的信息，称为“标记”。倘若要预测的“标记”是离散值问题，如明天股票是“上涨”还是“下跌”，这类学习任务是“分类”问题；倘若要预测的“标记”是连续值问题，如明天股票的收益率是多少，这个值可以是－20％到＋20％的任意数值，这类学习任务是“回归”问题。当在训练样本中，模型学会了数据集中样本“特征”与“标记”之间的关系之后，就要用训练好的模型在新的数据上进行预测了，这个过程称为“测试”，被预测的样本称为“测试集”。

以表 1-1 这个数据集为例，在 2021 年 4 月 30 日投资情况中，第一条记录就是关于贵州茅台这个“样本”的描述，贝塔值 1.03 这个“特征”描述了贵州茅台在 2021 年 4 月 30 日这天的市场暴露大小为 1.03，贵州茅台在 5 月份个股实际收益率 10.63％就是要预测的“标记”，这显然是一个“回归”问题。与上面“训练集”样本时间段对应的就是 2021 年 5 月 31 日的样本，可以看成“测试集”。

三、机器学习算法用于股票收益率预测问题中的优点

机器学习算法非常适合解决股票收益率预测问题，因为在前面的介绍中我们可以看到，股票收益率预测是一个高维预测问题，而机器学习算法提供了解决高维预测问题的工具。笼统地说，机器学习提供了路径，使得计算机能够从数据中学习到特征。机器学习能够解决高维统计问题，是因为其和传统计量经济学习方法比，有着更好的统计特性，能够更好地应用于样本外的预测问题。

第一，机器学习算法能够优化传统计量经济学中函数形式假定过强的问题。传统计量经济学方法假设因子与股票收益率之间是简单的线性关系，然而现实市场中有些因子和收益率之间的关系并不是严格的线性关系，可能存在非线性的关系。机器学习算法（尤其是神经网络模型）并不需要人为地假设因子与股票收益之间的具体函数形式，而是基于真实的历史数据去拟合两者的关系，这种非参数估计的方法能够更好地用于描述因子与股票收益率之间的关系，从而提高预测的准确性。

第二，机器学习算法能够优化因子过多或因子之间相关系数过高导致估计系数方差过大的问题。在传统计量经济学方法下，当因子数量过多（例如因子数接近或等于样本数）或因子之间相关系数过高时，模型的自由度将会下降，估计系数的方差将会上升。当估计系数方差太大时，基于该估计系数进行的样本外预测结果的方差也会上升，导致预测的结果不佳。在预测问题中的主要目的并不是解释过去，而是在有了新的数据后如何更好地预测未来，因此模型样本外的预测能力才是重要的。为了解决这种样本内预测结果较好、样本外预测结果较差的问题（这种模型的泛化能力较差，在机器学习中称为过拟合问题），机器学习算法引入了惩罚项机制。通过加入惩罚项来压缩变量维度或收缩估计系数方差，可以使模型的样本外预测结果得到改善。这也是机器学习算法在预测问题上强于传统计量经济学方法的原因之一。

第三，机器学习算法能够优化由被解释变量信息含量较低导致

估计系数偏差的问题。现实中，影响股票收益率的因素往往十分复杂，不同类型的股票同一时期的影响因子不一样，同一类型的股票不同时期的影响因子也不一样，这就导致了股票收益率的影响因子很多，噪声更多。传统计量经济学方法无法很好地区分哪些因子是有效因子、哪些因子是噪声。这样会导致传统计量经济学方法获得的估计系数产生偏差。为了应对这种信噪比低的情况，机器学习模型引入特征选择机制，通过剔除噪声，保留更少的有效因子来提升模型的估计准确性。

总结来说，与现有的实证金融和金融计量经济学方法相比，机器学习算法有以下优点：①机器学习算法拥有正则化等优秀的对抗过拟合技术，模型的稳健性能够使其在样本外预测问题上表现优越；②机器学习模型可以直接从高维度的数据中选择最优模型，是完全数据驱动型，而不需要基于经济学假设来预设模型；③机器学习算法可以模拟非常复杂的函数形式，探索数据结构中的各种可能性，而传统计量经济学方法一般都是简单的线性函数。

四、机器学习算法用于股票收益率预测问题面临的挑战

前面已经阐述了机器学习算法的种种好处，但是机器学习算法并不是万能的，机器学习算法的灵活性是把双刃剑，用好了可以非常有效地帮助我们解决问题，但是用得不好将会导致我们得到很多错误的研究结论。因此机器学习算法是否能够在资产定价问题中大展身手是不确定的，特别是在以下方面，金融问题与其他学科问题非常不同，这些方面也是将机器学习算法用于资产定价问题中需要额外注意的。

（一）弱预测变量问题

与其他学科不同，金融领域的预测问题面临的最大挑战之一就是弱预测变量问题，也称为低信噪比问题。这是由于影响股票价格的因素非常多，不同的因素被不同的市场参与者解读的方式也不同，这就导致任意单一因素都会对市场产生一定的影响，但是又无

法产生特别大的影响。股票市场的性质决定了所有能够预测资本市场收益率的特征变量都只是弱预测性。其他学科的预测问题样本外准确性(以回归问题的 R^2 为例)往往可以达到 90%以上,而在金融问题上,预测模型的样本外 R^2 能到 1%就已经非常好了。

尽管在金融学问题中,资产价格的特性就导致其可预测性非常低,但是任何对于模型样本外的预测准确性的提升都能非常显著地转化成巨大的经济意义。以 Campbell 和 Thomson(2008)的研究[①]为例,他们估算,在月度收益率预测问题上,如果样本外预测 R^2 预测准确性能上升 0.5%,对于一个典型的风险厌恶的均值方差投资者而言,其投资组合的超额收益率能够上升 40%。所以尽管资产定价的预测问题面临巨大的挑战,但是其巨大的经济回报还是深深吸引着很多学者和从业人员。

(二) 预测变量的不稳定性问题

在其他机器学习问题中,预测特征变量一旦找到,往往会具有比较好的持续性,变量的预测能力一般比较稳定,如在天气预测问题中,气温、气压和水汽这些自然特征都是非常持续稳定的预测变量,当这些变量出现某些特征时,往往就会带来降雨,这是一种自然科学的规律。金融学作为社会科学,其经济规律是由人们的行为来共同决定的,而自然人行为的不稳定,往往就给我们的预测变量带来很强的不稳定性。在金融学领域,同样的预测变量,通常不能在较长时间内持续稳定地发挥预测作用,不同时期对股票收益率有预测能力的变量也会随着时间而发生变化。

导致金融领域预测变量不稳定的原因有以下三点。

1. 金融市场的自我修复机制

从逻辑上来说,资产的收益率取决于资产目前的价格和投资者未来对该资产未来回报的预期。如果目前公开市场上有某个特征能够持续稳定地预测未来资产的收益率,那么市场上只要有人

---

① 这个估算并没有考虑实际的交易成本和交易滑点等问题。

群发现这个特征，他们就会持续投入资金在该类特征的资产上以获取未来的稳定超额回报。但是当过多的资金涌入某类特征的资产之后，短期必然会对这类资金价格产生一个快速的拉升，当期交易该特征资产的人增多，当期资产价格就会逐渐高于其理性水平，未来资产价格的预期收益率可能会下降，后面再按照该特征买入股票的投资者不一定能够获得盈利。因此，理论上任何因子在被公开后，随着交易该因子的人数增加，必然会出现“因子拥挤”的现象，导致因子逐渐失效。McLean 和 Pontiff (2016) 的实证研究支持了上述逻辑，研究发现，美国的异象性因子在公开发表之后，其对股票未来收益率的预测能力会随着交易该因子的投资者增加而逐渐降低。

2. 金融市场受到其经济状态的影响，市场状态的改变可能引起预测变量的失效

以美国资本市场非常有效的动量因子[①]为例，股票的动量特征在很多时候都能正向地预测股票下一期收益率，但是 Daniel 和 Moskowitz(2016)发现，当市场处于恐慌时期，尤其是伴随着波动率高的市场衰退和反弹时，动量因子的预测能力就会失效，甚至反向预测股票未来预期收益率。此外，Rapach 等(2010)发现股票市场时间序列的可预测性与经济周期有关，当市场处于衰退时期，预测变量对于市场收益率的预测能力会上升；而当市场处于繁荣时期，预测变量对于市场收益率的预测能力则会下降。

3. 金融市场受到其经济环境和制度的影响，市场环境或者规则制度的改变可能引起预测变量的失效

金融市场的规律是由其市场环境和制度决定的，不同的投资者结构和市场制度的变化都会引起预测关系的变化。例如 Chu 等

---

① 股票的动量特征能够用来预测股票的未来收益率由 Jegadeesh 和 Titman(1993)发现，动量是指过去一段时间收益率较高的资产在未来获得的收益率仍会高于过去收益率较低的资产。

(2020)基于美国证监会做空制度改革的准自然随机试验(SHO)[1]研究发现,随着美国股票市场做空制度限制的放松,美国金融市场上11个异象性因子的预测能力显著下降。

(三) 数据挖掘带来的过拟合问题

过拟合问题是在使用机器学习算法时特别需要注意的问题,关于这个问题的原因和解决方案,会在第三章详细阐述。但是这里还是要强调在金融领域中需要额外注意这个问题的原因。简单来说,有时候自己的模型在训练集上用训练数据拟合得非常好,但在样本外的测试集中却表现得很糟糕。这是因为机器学习算法允许复杂的、非线性的模型很好地拟合数据,但它们也有过拟合数据的风险,让模型错误地记住了一些噪声带来的特征。对抗过拟合的最好方式就是扩大数据样本,但是由于金融市场的数据量有限,特别是在月度股票收益率的预测问题中,样本量受到时间的限制,模型的结果在样本外的表现很难保证。所有的分析都是基于历史数据的回测结果(back-testing),当我们站在今天构建模型的时候,这件事本身就已经用到了未来信息,所以很多时候过拟合问题是不可避免的,只能尽可能地提升模型的稳健性。

第三节 相关学术文献介绍

机器学习模型在降维、惩罚项和泛函数等技术上的突破在解决

---

① 美国证监会实施的SHO试点项目是基于随机对照试验思想。其基本思想是通过随机将股票分为两个部分,一部分股票取消规则(这部分称为试点组或实验组),另一部分股票维持规则现状(这部分称为非试点组或对照组)。通过比较实验组和对照组股票在取消规则卖空交易的变化,从而获得"提价交易规则"对卖空交易的影响。2005年5月,美国SHO试点项目正式实施,试点项目在罗素3 000成分股中随机挑选了1 000只股票作为实验组,取消了这些股票卖空约束中的"提价交易规则",使得这些股票能够在任何价格变化时随时被卖空,剩余2 000只股票作为控制组,继续维持股票卖空约束中的"提价交易规则"。

以上前两个问题上具有天然的优越性。由于以上方面的优势，机器学习技术已经成为金融领域中的应用前沿之一，特别是在预测金融市场运动、处理文本信息、改进交易策略方面（苏治 等，2017），很多论文探索了不同类型的机器学习算法在股票收益率预测的效果。其模型具体分为以下三类。

第一类是金融学中较为常用的降维类模型，这类模型的优点是能将高维度数据压缩成低维，同时还能保留较多的信息。例如：Rapach 和 Zhou(2018)，Maio 和 Philip(2015)基于主成分分析(principal component analysis，PCA)的方法使用美国宏观变量来预测股票市场未来收益率；Kelly 和 Pruitt(2015)基于最小偏二乘模型使用风格因子(style factors)收益率资产组合来预测股票市场。

第二类是带惩罚项的线性模型，其优点是通过加入惩罚项，降低噪声信息的因子荷载，从而提高预测效果。例如 Chinco 等(2018)基于套索回归(LASSO)分析了一分钟频率的个股收益率预测。

第三类是非线性模型，这类模型的优点在于能够基于历史数据信息拟合预测变量与收益率之间的非线性结构。例如有学者基于随机森林(random forest，RF)、模糊神经网络和长短期记忆神经网络模型等人工智能算法，检验了技术和宏观预测因子在日度股票价格收益率预测的效果外 R^2(Fischer et al.，2018；Sirignano et al.，2018；Bao et al.，2017；Butaru et al.，2016)。Gu 等(2020a；2020b)探索了神经网络模型、自编码机等深度学习模型在个股月度收益率的效果，获得了非常好的样本外预测准确率。

中国股票市场依然处于不断发展和完善的阶段，很多国内学者也尝试结合机器学习技术解释中国股票市场的预期收益率预测问题。姜富伟等(2011)研究了中国市场投资组合和根据公司行业、规模、面值市值比和股权集中度等划分的各种成分投资组合的股票收益的可预测性；陈卫华和徐国祥(2018)发现深度学习预测沪深 300 指数的效果明显好于传统计量经济学模型；李斌等(2017，2019)分别采用了支持向量机、神经网络、Adaboost 等机器学习算法，利用 19 项技术指标预测股价方向，发现基于机器学习算法预测所构建的投资组合确实能取得更好的投资收益。

第四节 相关业界应用场景

目前人工智能技术已经广泛地应用于金融行业中，在很多业务场景下帮助金融从业人员提升工作效率。

一、量化投资

人工智能在量化投资领域，通过模型建立、数据的输入与处理学习进行预测、选股、择时，不仅可以通过模拟人类的思考模式去捕捉市场信息，更可以挖掘出潜在的信息与模式，更加有效地提供投资决策，强大的学习能力能够不断地积累经验，根据实际市场的反馈信息、市场风格的变化去及时地、自适应地修正调整模型，作出当下最为契合的投资组合，效率更高且避免了人为因素的干扰，最大限度地做到风险和预期收益的可测、可控。在量化投资中，信号发现、信号增强、投资组合优化、交易执行优化、风险管理等几个方面的机器学习、深度学习模型都大有可为。

海内外很多资产管理机构都会借助人工智能算法来进行量化投资，如 D. E. Shaw、Two Sigma、Citadel 等公司。这些公司都十分强调机器学习和分布式运算的运用，而基金大部分员工可能都没有金融背景，直接从理工院校的计算机科学、数学和工程专业毕业生中选聘。国内很多量化规模排在前列的头部量化私募也是如此，如幻方量化对人工智能软硬件研发累计投入近 2 亿元，建立 AI 实验室，并将每年总体营收的大部分投入人工智能领域[①]。

2017 年 10 月 18 日，EquBot LLC、ETF Managers Group 共同推出了全球第一只应用人工智能、机器学习进行投资的 ETF（交易所交易基金）：AI Powered Equity ETF（AIEQ. US）。其投资策略是基于 EquBot 公司开发的量化模型生成，由 IBM Watson 超级计

① 数据来源于官网 https://www.high-flyer.cn/ai_lab.html。

算机提供技术支持，通过人工智能算法进行量化择时、量化选股、因子分析、事件驱动分析决策。图 1-2 显示了 2017 年 10 月到 2021 年 6 月 30 日，该产品和标普 500 指数收益率的表现情况。在近 4 年的时间中，标普 500 资产累计收益率约 72%，AIEQ 产品收益率约 62%，在美国高度有效的资本市场下，AI 管理的资产投资组合与市场投资业绩表现相近。

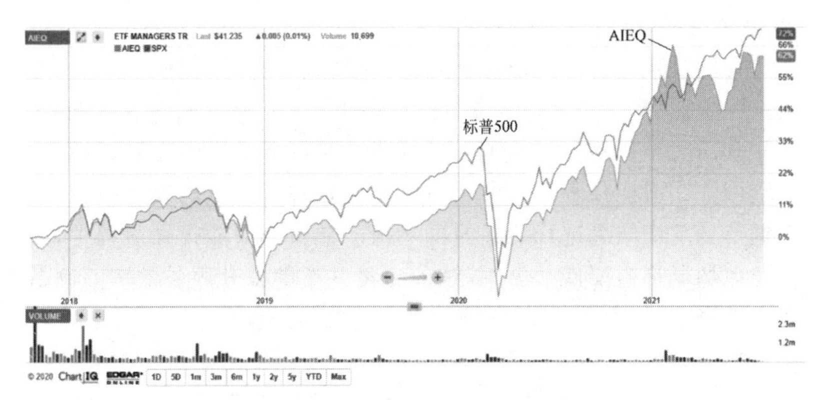

图 1-2　AIEQ 产品和标普 500 收益表现

资料来源：AIEQ 官网。

二、智能投顾

智能投顾（robo advisory）是指计算机依据投资理论搭建量化交易决策模型，再将投资者风险偏好、财务状况及理财规划等变量输入模型，为用户生成自动化、智能化、个性化的资产配置建议，并可以自动执行交易以及资产再平衡。智能投顾相比传统投顾的核心区别在于对 AI、大数据等技术的应用，通过技术应用极大降低投顾服务门槛，有助于挖掘长尾市场。智能投顾的概念产生于美国。得益于美国市场量化投资和 ETF 的蓬勃发展，自 2008 年起，Betterment、Wealthfront、Future Advisor 等第一批智能投顾公司相继成立，在智能投顾市场深耕细作、稳健增长。根据 Statista 在 2019 年 2 月发布的美国智能投顾市场报告，美国智能投顾管理的资产在

2021年预计达到2.2万亿美元，占全球资管行业的2.2%。中国智能投顾市场也在高速崛起，2019年10月24日，中国证券监督管理委员会（以下简称“证监会”）发布《关于做好公开募集证券投资基金投资顾问业务试点工作的通知》，开启了基金投顾正规化发展时代。截止到2021年7月2日，已有50家机构先后获得了基金投顾业务试点资格，包括公募基金21家、第三方独立销售机构3家、银行3家、证券公司23家。

智能投顾产品的关键在于数据、模型和算法，数据是基础，模型决定配置比例，算法决定投资方法。图1-3为智能投顾服务流程图，首先利用大数据对用户进行画像分析，得到相关的风险偏好信息，再利用人工智能技术依据客户的风险偏好构建合适的投资组合，并根据市场反馈结果进行动态的再平衡。在整个智能投顾流程中，很多业务场景都需要借助AI算法的力量来帮助提升服务效率。例如在大类资产配置模型领域，资产协方差矩阵是开展风险管理的基础，而传统方法估计的资产协方差矩阵通常只能基于历史序列的线性信息展开估计，导致评估结果与真实情况发生偏差。针对传统资产配置方法的不足，可以使用生成条件对抗网络（cGAN）模型从贝叶斯学派视角提升对资产风险的估计效率，从而改善大类资产配置的结果。

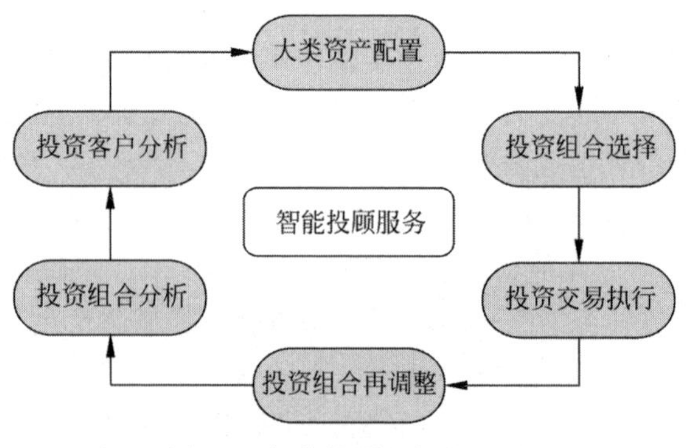

图1-3　智能投顾服务流程图

参考文献

陈卫华，徐国祥，2018. 基于深度学习和股票论坛数据的股市波动率预测精度研究[J]. 管理世界(1)：180-181.

姜富伟，涂俊，RAPACH D E，等，2011. 中国股票市场可预测性的实证研究[J]. 金融研究(9)：107-121.

李斌，林彦，唐闻轩，2017. ML-TEA：一套基于机器学习和技术分析的量化投资算法[J]. 系统工程理论与实践(5)：1089-1100.

苏治，卢曼，李德轩，2017. 深度学习的金融实证应用：动态、贡献与展望[J]. 金融研究(5)：111-126.

ANG A，HODRICK R J，XING Y，et al.，2006. The cross-section of volatility and expected returns[J]. The journal of finance，61：259-299.

BAO W，YUE J，RAO Y，2017. A deep learning framework for financial time series using stacked autoencoders and long-short term memory[J]. Plos one，12：18-24.

BUTARU F，CHEN Q，CLARK B，et al.，2016. Risk and risk management in the credit card industry[J]. Journal of banking & finance，72：218-239.

CARHART M M，1997. On persistence in mutual fund performance[J]. The journal of finance，52：57-82.

CHINCO A，CLARK JOSEPH A D，YE M，2018. Sparse signals in the cross-section of returns[J]. The journal of finance，74(1)：449-492.

CHU Y，HIRSHLEIFER D，MA L，2020. The causal effect of limits to arbitrage on asset pricing anomalies[J]. The journal of finance，75：2631-2672.

DANIEL K，MOSKOWITZ T J，2016. Momentum crashes[J]. Journal of financial economics，122：221-247.

DANIEL K，MOTA L，ROTTKE S，et al.，2020. The cross-section of risk and returns[J]. The review of financial studies，33：1927-1979.

FAMA E F，FRENCH K R，1993. Common risk factors in the returns on stocks and bonds[J]. Journal of financial economics，33：3-56.

FAMA E F，FRENCH K R，2015. A five-factor asset pricing model[J]. Journal of financial economics，116：1-22.

FAMA E F，FRENCH K R，2020. Comparing cross-section and time-series factor models[J]. The review of financial studies，33：1891-1926.

FISCHER T，KRAUSS C，2018. Deep learning with long short-term memory networks for financial market predictions [J]. European journal of operational research, 270: 654-669.

HARVEY C R, LIU Y, ZHU H, 2015. ... and the cross-section of expected returns[J]. Review of financial studies, 29: 5-68.

HOU K, MO H, XUE C, et al., 2021. An augmented q-factor model with expected growth[J]. Review of finance, 25: 1-41.

HOU K, QIAO F, ZHANG X, 2021. Finding anomalies in China [R]. Working Paper.

HOU K, XUE C, ZHANG L, 2020. Replicating anomalies [J]. The review of financial studies, 33: 2019-2133.

JENSEN T I, KELLY B T, PEDERSEN L H, 2021. Is there a replication crisis in finance[R]. Working Paper.

KAROLYI G A, VAN NIEUWERBURGH S, 2020. New methods for the cross-section of returns[J]. The review of financial studies, 33: 1879-1890.

KELLY B, PRUITT S, 2015. The three-pass regression filter: a new approach to forecasting using many predictors[J]. Journal of econometrics, 186: 294-316.

LETTAU M, PELGER M, 2020. Factors that fit the time series and cross-section of stock returns[J]. The review of financial studies, 33: 2274-2325.

LEWELLEN J, 2015. The cross-section of expected stock returns [J]. Critical finance review, 4: 1-44.

LINNAINMAA J T, ROBERTS M R, 2018. The history of the cross-section of stock returns[J]. The review of financial studies, 31: 2606-2649.

MAIO P, PHILIP D, 2015. Macro variables and the components of stock returns [J]. Journal of empirical finance, 33: 287-308.

MCLEAN R D, PONTIFF J, 2016. Does academic research destroy stock return predictability? [J]. The journal of finance, 71: 5-32.

NOVY-MARX R, 2013. The other side of value: the gross profitability premium[J]. Journal of financial economics, 108: 1-28.

RAPACH D E, STRAUSS J K, ZHOU G, 2010. Out-of-sample equity premium prediction: combination forecasts and links to the real economy[J]. Review of financial studies, 23: 821-862.

RAPACH D, ZHOU G, 2018. Sparse macro factors[R]. Working Paper.

SPIEGEL M, 2008. Forecasting the equity premium: where we stand today[J]. Review of financial studies, 21: 1453-1454.

STAMBAUGH R F, YUAN Y, 2017. Mispricing factors [J]. The review of financial studies, 30: 1270-1315.

第二章

资产定价的核心问题：股票预期收益率

第一节　投资组合分析

在资产定价的研究中，数据结构一般是由资产和时间构建的二维面板数据结构。以上市公司股票市场为例，一般的数据记录了某家公司在某段时间的各种特征和收益率情况，这种公司-时间的数据结构被称为面板数据结构。也就是在任意时间 $t(t=1,2,3,\cdots,T)$ 能够获得 n 家公司的股票情况，对于任意一家公司，也能够获得其时间序列的情况。

为了检验某变量与股票未来的收益率是否相关，构建横截面的投资组合分析[①]是实证资产定价中最常用的统计方法之一。横截面的投资组合分析的核心思路是，如果在 t 期根据某个指标构建不同的投资组合，这些不同的投资组合在 $t+1$ 期的未来收益率有显著的区别，并且这个区别在时间序列上统计是显著的，那么这个指标可能就与未来的收益率存在某种关系。投资组合分析的基本思想与金融业界实际的真实投资过程非常类似。业界构建投资组合一般分为几个步骤：①根据某指标选择购买某些标的资产组成一篮子投资组合；②持有该投资组合承担其价格变化带来的收益和损失；③根据某指标对投资组合进行调仓操作。业界资产管理从业人员每天都根据不同的指标(可能是技术指标、基本面指标、行业指标、宏观经济指标等)来进行实际的投资和资产配置决策，而学界也需要有更加严谨的方法来考察，到底依靠哪些指标来指导投资决策是科学的。

在检验某变量与股票未来的收益率是否相关的问题中，横截面的投资组合分析是简单直接也有效的方法。投资组合分析不需要对变量与未来收益率之间的关系先验地作出任何假设，事实上，投

---

①　虽然横截面的投资组合分析最常见的应用是检验未来收益的可预测性，但投资组合分析也可以用来理解任何两组变量之间的横截面关系。

资组合分析有助于揭示变量之间的非线性关系,而这些关系很难用参数技术来检测。但是该方法最大的缺点在于,检查某变量与股票未来的收益率时,很难控制大量的其他变量。这样就会导致该方法如果检验出某变量与股票未来的收益率相关,无法排除这种相关关系是由该变量引起的还是由其他遗漏变量导致的。

一、单变量资产组合排序分析

(一) 单变量资产组合排序分析流程

单变量资产组合排序分析(univariate portfolio analysis)是指只基于某单个变量进行资产组合构建分析的方法。以 X 作为分组变量(例如:企业市值、企业市盈率等),参数为 k、m、n(k 代表构建指标的信息区间、m 代表等待建仓的时间、n 代表持有资产组合的时间)的单变量 z 组(例如 10 组)资产组合排序分析一共分为四个步骤。

第一,计算任意 t 时刻分组指标 X 的分位数数值。计算 t 时刻所有股票在$[t-k,t]$时间段内的指标 X,并计算所有股票 X 特征的 Z(十)分位数点。其中 k 是指使用过去多久的指标 X 作为单变量资产分组指标,一般会选取 $k=0$,也就是使用当天收盘的指标 X 作为单变量资产分组指标,如果选取 $k=1$,也就是使用过去 1 期(个月)平均指标 X 作为单变量资产分组指标。对于某些指标计算依赖长时间窗口的变量或者是变化特别敏感的变量,会选取过去一段时间 $k=1$、6、12)来计算该指标。

第二,根据分位数值和等待期建立不同的资产组合。根据 t 时刻计算并根据每只股票 X 特征所属的分位数数值进行分组,在等待建仓的时间 m 到来后(一般 m 为 0,也就是假设在 t 时刻立即建仓),确定每组分位数的资产个数和权重构建投资组合。

第三,持有资产组合并计算各个资产组合持有期的投资收益。有了资产组合后,就可以计算资产组合在每一期的收益表现,分析中关注持有期 n 满后,$[t+m,t+m+n]$时间段(建仓到卖出)的不同投资组合实现的收益率的差异情况。

第四，循环前三步，获得全样本时刻不同资产收益率的时间序列并进行统计检验。但是这只是一期的数据情况，我们是无法从一期的样本数据中得到任何可靠的统计推断结论的。因此接下来需要把上述流程按照全部样本时间区间进行循环，计算样本全部时间 T 的不同投资组合实现收益率的时间序列。对投资组合的收益率进行统计检验①，根据其收益率的时间序列是否显著异于 0，就能够检验在全部样本中，X 这个股票特征能否用来预测未来股票收益率了。

（二）单变量资产组合排序分析实际案例分析

Banz(1981)提出了美国股票收益中规模效应的证据，即企业规模与股票收益之间的负相关关系，Liu、Stambaugh 和 Yuan(2019)也发现了在中国 A 股市场存在规模效应。因此，案例就以中国 A 股市场的公司规模[用证券流通市值衡量，等于收盘价（不复权价格）乘以流通股总数]为例，分析流通市值这个变量是否与未来收益率相关，或者说流通市值这个股票特征能否用来预测未来一期股票收益率。为了回答这个问题，下文将逐步展示市值单变量在参数 0、0、1(0 代表构建指标的信息区间为使用月末流通市值、0 代表等待建仓的时间为即时建仓、1 代表持有资产组合的时间为 1 个月）的 10 组资产组合排序分析的结果。

1. 计算任意 t 时刻分组指标 X 的分位数数值

表 2-1 展示了在时间 t（2021 年 3 月 31 日）A 股股票流通市值分位数统计，其中样本中 A 股市值最大的公司为贵州茅台，市值达到 25 237.01 亿元，其他 1～9 分位数数值分别为：24.65、39.54、46.22、54.62、65.67、83.69、112.00、155.07、246.68、471.08、25 237.01。

---

① 由于收益率数据在时间序列上可能存在自相关性，为了获得更加严谨的统计检验结果，一般认为传统的 t 检验统计量是有偏的，会使用 Newey-West 调整（Newey et al.，1987）后的检验统计量。

表 2-1　2021 年 3 月 31 日 A 股股票市值分位数统计　　亿元

分位数	0	1	2	3	4	5
市值	24.65	39.54	46.22	54.62	65.67	83.69
分位数	6	7	8	9	10	
市值	112.00	155.07	246.68	471.08	25 237.01	

注：数据为作者基于 Wind 数据整理得到。

2. 根据分位数值和等待期建立不同的资产组合

接下来，需要根据每只股票企业市值所属的分位数数值进行分组，确定每组分位数的资产个数和权重构建投资组合。在本案例中，当期总股票数量为 3 000(当前案例中剔除了最小的 30%小市值股票)，按照 10 分位数构建资产组合后，每组资产投资组合由 300 只股票构成。案例中采用等权的方式进行投资组合的构建。

3. 持有资产组合并计算各个资产组合持有期的投资收益

案例中，持有资产组合的时间为 1 个月，因此需要计算这 10 组资产在 2021 年 4 月的收益率情况。从图 2-1 中可以看到，横坐标 Lo_10、2_Dec、3_Dec、4_Dec、5_Dec、6_Dec、7_Dec、8_Dec、9_Dec、Hi_10 分别代表按照 2021 年 3 月底企业市值分位数从低到高的资产组合在 2021 年 4 月的收益率情况。流通市值最高组的资产投资组合在 2021 年 4 月实现的收益率最高，月度收益率为 3.58%，而企业市值最小组企业市值分位数在 10～20 的资产投资组合在 2021 年 4 月实现的收益率最低，月度收益率分别为－0.57%和－1.01%。并且随着上一期企业市值的逐渐增大，未来一期股票月度收益率呈现出逐渐上升的趋势。从图 2-1 中能够发现，企业市值这个变量与未来收益率好像存在正相关。

4. 循环前三步，获得全样本时刻不同资产收益率的时间序列并进行统计检验

接下来需要把上述流程在全部样本时间区间(2000 年 1 月到 2021 年 7 月，共计 259 个月)进行循环计算，得到样本全部时间 T

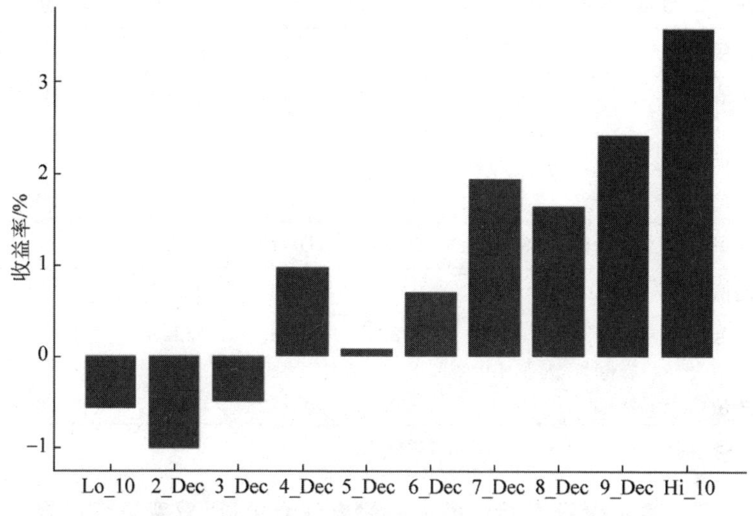

图 2-1　按市值分组的投资组合在 2021 年 4 月的收益率

(T=259)的不同投资组合实现收益率的时间序列。结果见表 2-2，其中表中前 10 列分别代表按照月底企业市值分位数从低到高的资产组合，L-H 代表持有企业市值最低的 Lo_10 股票的多头，并卖空企业市值最高的 Hi_10 股票的资产组合。表 2-2 中第 1 行代表不同资产组合月度收益率的均值，从企业市值最低的 Lo_10 股票资产投资组合到企业市值最高的 Hi_10 股票资产投资组合，月度收益率从 1.5%逐渐递减到 0.9%。这说明平均而言，企业市值越高的股票，未来一个月的收益率越低，而企业市值越低的股票，未来一个月的收益率越高。表 2-2 中的第 2、3、4 行分别代表经过 Newey-West 调整(Newey et al.,1987)后的检验统计量：标准误、T 值和 P 值。其中 Newey-West 统计量的滞后期数取 4 期(根据公式 $L=[4\times(T/100)$^(2/9)] 计算得到)。以企业市值最低的投资组合为例，该投资组合未来一个月收益率的均值为 1.5%，经过 Newey-West 调整后，标准差(standard deviation)为 0.605，T 值为 2.327，P 值为 0.02，在 0.05 的显著性水平下拒绝原假设。这就说明根据市值指标进行投资形成的资产组合，能够在统计上获得显著大于 0 的投资收益。

表 2-2 2000 年 1 月到 2021 年 7 月股票企业市值分组资产组合收益率统计

项目	Lo_10	2_Dec	3_Dec	4_Dec	5_Dec	6_Dec
均值	0.015	0.012	0.012	0.012	0.010	0.010
标准误	0.605	0.663	0.668	0.702	0.731	0.737
T 值	2.327	1.911	1.941	1.801	1.615	1.650
P 值	0.020	0.056	0.052	0.072	0.106	0.099
项目	7_Dec	8_Dec	9_Dec	Hi_10	L-H	
均值	0.010	0.009	0.010	0.009	0.006	
标准误	0.765	0.788	0.839	0.889	0.908	
T 值	1.601	1.405	1.683	1.545	1.554	
P 值	0.109	0.160	0.092	0.122	0.120	

注：数据为作者基于 Wind 数据整理得到。

二、多变量资产组合排序检验方法介绍（以双变量资产组合排序为例）

（一）双变量资产组合排序

前面介绍的单变量资产组合排序分析是分析变量与未来收益率之间的关系最简单且常用的方法，但是该方法的局限性在于，它只能分析某一个变量的单独影响，不能把其他变量的影响也考虑进来。双变量资产组合排序（bivariate portfolio analysis）的方法能够同时考虑两个变量 X_1 和 X_2 对另外一个结果变量 Y（未来收益率）的影响。双变量资产组合排序的方法分为两种：独立（independent）双重排序和非独立（dependent）双重排序。

（二）独立双重排序方法介绍

独立双变量资产组合排序的流程与单变量资产组合排序基本类似，只是在前面构建资产组合的时候会有不同。以 X_1 和 X_2 作为分组变量（例如：企业市值、企业市盈率等），双变量 Z（5）组资产组合排序分析为例，其分析的四个步骤只有前两个步骤与前面有些差别，后面的步骤都与前面一样。

第一，计算任意 t 时刻分组指标 X_1 和 X_2 的分位数数值。t 时刻计算该时刻所有股票在$[t-k,t]$时间段内的指标 X_1 和 X_2，并在全部样本中独立计算所有股票 X_1 和 X_2 特征的 $Z(5)$分位数点。

第二，根据分位数值和等待期建立不同的资产组合。根据 t 时刻计算并根据每只股票 X 特征所属的分位数数值进行分组，在等待建仓的时间 m 到来后（一般 m 为 0，也就是假设在 t 时刻立即建仓），确定每组分位数的资产个数和权重构建投资组合。在单变量资产组合排序分析中，最终形成的资产组合数量一般与 Z 是相同的。例如，单变量 10 组资产组合排序分析，分析对象就是这 10 组资产组合的收益率差异情况（通常会再额外加一组高减低的对冲资产组合）。而在双变量 Z 组资产组合排序中，最终形成的资产组合数量一般有 $Z\times Z$ 个。例如，双变量 10 组资产组合排序分析，分析对象就是这 100 组资产组合的收益率差异情况。

独立双重排序方法可以很好地控制某个因子给投资组合带来的影响，目前广泛用于各种因子投资组合的构建中，如经典的 FF3（Fama et al.，1993）中的 SMB 因子和 HML 因子就是依照独立双重排序的方法构建出来的。关于独立双重排序的案例，会在下面的中国因子模型构建中再详细介绍。

（三）非独立双重排序方法介绍

非独立双变量资产组合排序的流程与单变量资产组合排序基本类似，只是在前面构建资产组合的时候会稍有不同。在独立双变量资产组合排序中，会在全部样本中独立计算 X_1 和 X_2 特征的 $Z(5)$分位数点。而在非独立双变量资产组合排序中，是有严格顺序要求的，需要先计算 X_1 的特征的 $Z(5)$分位数点，然后在 X_1 的每个分位数组内计算出组内的 X_2 特征的 $Z(5)$分位数点。非独立双变量资产组合排序方法能够很好地回答以下问题：当控制组特征 X_1 后，X_2 对于 Y 的影响是否依然存在。也就是回答特征 X_2 对 Y 的影响是否与 X_1 有关这一问题。

表 2-3 展示了在时间 t（2021 年 3 月 31 日）A 股股票按照市盈

率倒数和企业市值非独立双重排序分组资产组合收益率统计的结果。表中第1～5列(EP_1到EP_5)分别代表按照市盈率倒数从小到大5分位数分组形成的资产组合，而表中第1～5行(ME_1到ME_5)分别代表在市盈率的资产组合内，再次按照市值从小到大5分位数分组形成的资产组合。也就是第1行第1列－3.50％代表着，在全市场市盈率倒数最小20％分位数组内企业市值最小20％分位数的投资组合未来一个月的收益率为－3.50％。在图2-1中能够发现，企业市值这个变量与未来收益率好像存在正相关，但是通过非独立双重排序方法的发现，这种关系在市盈率倒数较高的组别内好像并不存在。

表2-3　2021年3月31日非独立双重排序分组资产组合收益率统计　％

资产组合分类	EP_1	EP_2	EP_3	EP_4	EP_5
ME_1	－3.50	－0.84	－0.55	3.05	2.71
ME_2	1.22	－1.42	0.23	1.84	2.30
ME_3	0.50	1.31	1.59	1.23	3.46
ME_4	－1.83	－0.21	0.88	1.41	4.39
ME_5	－0.37	2.33	－0.21	1.41	2.15
L-H	－3.12	－3.17	－0.34	1.64	0.55

注：数据为作者基于Wind数据整理得到。

第二节　因子投资

一、因子投资与smart beta产品

前面提到投资组合分析除了在学界有广泛的使用之外，在业界也有重要的应用，其中之一就是因子投资和基于因子投资的smart beta产品。因子投资是指对于一个给定的股票特征，按照某种权重方式将一揽子股票组成一个基于该因子的投资组合，该投资组合的收益率就是这个因子的收益率。因此，因子投资是一种基于一组静态规则选择资产的投资策略。例如大家熟悉的沪深300指数就是

在沪深两市中，选取规模最大的 300 只股票，按照流通市值加权的方式构造而成的资产组合。

而 smart beta 产品就是将因子投资思想应用到实践中，也可以称为另类贝塔(alternative beta)。各种 smart beta 产品在全球发展迅速，产品数量、资金规模以及机构投资者认可度等方面逐年提升。截止到 2017 年底，全球投资在因子投资上的产品规模[①]已经超过了 1.9 万亿美元，预计到 2022 年规模将达到 3.4 万亿美元。smart beta 大多以特定因子作为策略指标，是因子投资的市场产品形式，在提升收益、降低风险上有较好表现。而 smart beta 之所以称 smart，在于其兼具被动投资和主动投资的特点，主动投资最明显的特征在于其相对于市场组合(buy and hold)的跟踪错误。

Ang 认为[②]因子能解释资产回报的原因有三个：投资者愿意承担风险、结构性障碍，以及并非所有投资者都始终完全理性。

(1) 有些因子获得额外的回报，因为它们承受了额外的风险，并且在某些市场机制下可能表现不佳。

(2) 有些因子的收益来自结构性障碍，投资限制或市场规则的原因使得某些投资者无法进行投资，从而为其他投资者创造了机会，使他们可以在不受这些限制的情况下进行投资。

(3) 有些因子的收益是因为能够捕捉到投资者的行为，也就是说，普通投资者的行为并不总是完全理性的。有时候人们想要薯条而不是沙拉，即使他们在关注自己的胆固醇。这些行为偏差会给那些持相反观点的人带来投资机会。

二、因子投资产品举例

一般来说，因子可以根据资产横截面特征(characteristics)构

---

① 数据来源：根据贝莱德(BlackRock)官网数据统计得到(https://www.blackrock.com/us/individual/investment-ideas/what-is-factor-investing)。

② 具体可参考 Andrew Ang 在其 2014 年出版的书籍 *Asset Management: A Systematic Approach to Factor Investing* 中的具体描述。

建，如规模因子(size)、价值因子(value)、动量因子(momentum)、质量因子(quality)等。因子也可以是基本面宏观因子，如利率(real rates)、通货膨胀(inflation)和经济增长(economic growth)。我们以大型资产管理公司或指数公司推出的系列因子为例进行具体说明。

贝莱德将因子划分为两大类：宏观经济因子(macroeconomic factors)(跨资产类别的风险)和可交易的风格因子(某种资产大类内部的收益和风险)。宏观经济因子包括经济增长、利率、通胀、信用(credit)、新兴市场(emerging market)、流动性(liquidity)。风格因子包括价值、动量、最小波动(minimum volatility)、质量、规模、持有(carry)。各因子之间的相关性一般较低。

MSCI(Morgan Stanley Capital International，明晟公司)以使用全球统一的系统方法编制股票指数著称，是全球第一大指数服务提供商。其提供了全球超过 980 只 ETF 跟踪 MSCI 指数，在所有指数编制和提供商中排名第一。

根据 MSCI 官网给出的分类方式①，MSCI 指数共划分为七个系列，如图 2-2 所示。

因子指数系列包括 DMF(diversified multiple factor，分散多因子)指数、ESG(环境、社会和公司治理)目标指数和单因子倾斜指数②。MSCI 单因子倾斜指数是基于 MSCI 6 个主打因子——价值(ralue)、质量(quality)、动量(momentum)、规模(size)、红利(dividend)、波动性(voliality)构建的指数。DMF 指数的构建是为了最大限度地暴露于多个因子(价值、动量、小市值和质量)③，同时保持总风险与市场风险类似。ESG 目标指数同时纳入因子暴露(factor

① MSCI 官网地址：https://www.msci.com/zh/equity-fact-sheet-search.

② 单因子倾斜(tilt)方法是，为母指数内每只股票计算某个各特定因子评分，再把评分与相关原指数权重结合，调整其权重，从而实现更高的指数因子暴露，同时提升投资容量(capacity)。

③ 排除低波动因子是因为 DMF 目标是提供与市场类似的风险，纳入低波动因子会导致低于市场风险；排除红利因子是因为其与价值和质量因子正相关。

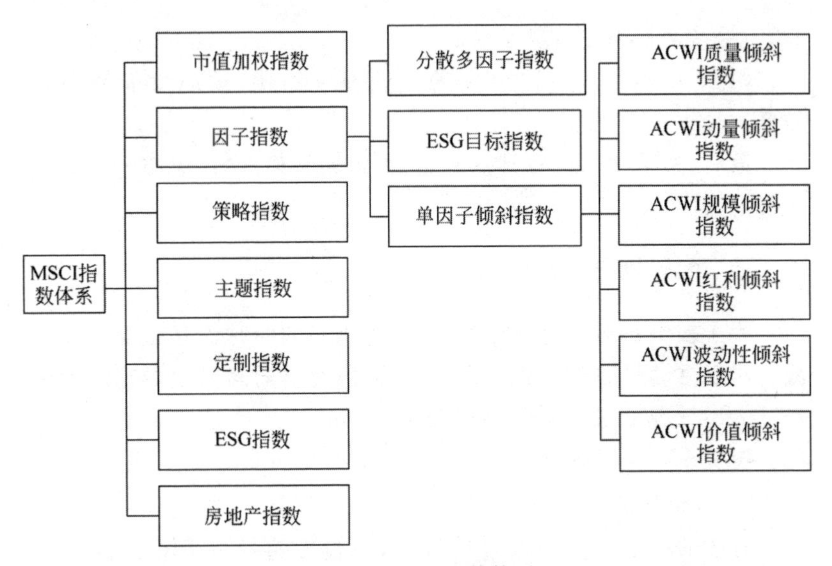

图 2-2　MSCI 指数体系

资料来源：MSCI 官网。

exposure)和 ESG 暴露(ESG exposure)①,可以考虑单因子策略(波动性、质量、价值)或多因子策略。

smart beta ETFs 的流行给投资者提供了越来越丰富的工具，也对投资者提出了更高的要求。在使用这些 ETFs 时，投资者需要首先明确自己的目标——是分散化风险还是获得相对于市场的超额收益。在明确目标之后，需要理解每个风格因子背后的逻辑和它代表的风险。唯有这样，才有可能享受这些标的带来的更高性价比的风险收益。

三、因子投资产品的优势

对业界来说，因子和因子投资是提升投资组合风险收益水平的重要工具。概括来说，因子投资的优势有三点。

第一，规则化。策略基于指数按照特定的规则选股、复权、调

① https://www.msci.com/zh/msci-factor-esg-indexes.

仓,不受基金管理人主观影响。

第二,成本低。与追求 α 的主动投资相比,被动投资费用比较低。

第三,透明度高。被动追踪指数、策略构建逻辑、股票仓位等对投资者透明。

四、因子投资的挑战

因子投资并不是免费的午餐,它有优势的同时也存在着许多挑战。对于主动型的专业资产管理人,他们面对的问题主要有因子拥挤(factor crowding)、因子择时(factor timing)、区分主动投资 α 和因子投资 β 以及创新。

1. 因子拥挤

有效的因子会受到资金的追捧,但过度追捧可能导致因子失效、收益缩减(因子估值过高)、大幅回撤等问题。目前机构多采用基于持仓和基于交易数据两种方式度量因子拥挤度。

2. 因子择时

因子择时对学界和业界来说都是一个争议的话题,难度非常大。首先,因子表现动态变化,因子与指标特征(indicator)关系是时变的,市场、宏观经济等都会影响;“后见之明”和数据挖掘,根据历史数据找出的因子并不代表未来依旧有效,数据挖掘产生的非有效因子问题是个老问题;数据修订,特别是宏观经济指标的修订,如GDP(国内生产总值)、失业率,历史数据是不准确的。①

3. 区分主动投资 α 和因子投资 β

区分主动管理人赚取的超额收益是来自管理人能力还是来自因子表现是一件很难的事情,但这对于识别有能力的管理人至关重

① 具体可以参考文献:BENDER J,SUN X,THOMAS R,et al.,2018. The promises and pitfalls of factor timing [J]. The journal of portfolio management,44:79.

要。研究发现①，主动管理人获得的积极超额收益中 80%可以用因子敞口解释，仅 20%来自管理人赚取 α 的能力，但并没办法拒绝 20%的 α 能力可能是最重要的原因。

4. 创新

大数据、人工智能技术的逐渐成熟提升了处理另类数据的能力，越来越多的数据源被挖掘，数据和技术的创新开始被应用于因子投资领域。

第三节　中国因子模型

因子模型是整个资产定价的基石，因子描述着所有资产背后共同面临的系统性风险，而因子的收益率就是承担系统性风险从而获得的风险溢价（或风险补偿）。不同的资产收益率不同，是因为不同资产本身在因子上的风险暴露程度不同导致的。为了更形象地理解因子，我们参照全球最大的资产管理公司贝莱德主管因子投资策略团队的 Andrew Ang 的比喻：因子之于资产就如同营养成分之于食品，因子是资产收益和风险的驱动（driver）。许多食品都包含一种以上的大类营养成分，如水、碳水化合物、蛋白质、脂肪和纤维等，进食是为了获得食品所包含的营养成分，类似地，重要的是因子而非资产本身。正确的因子投资是透过资产类别标签去理解其背后的因子构成。

不同的因子模型定义不同的系统性风险。在第一章中，提到了很多不同的因子模型（例如：CAPM、FF3 因子等），因此目前学界对于到底谁的因子模型才是正确的，还有很大的争议。中国因子模型目前学界影响力较大的是 Liu、Stambaugh 和 Yuan 于 2019 发表在金融学全球顶级期刊 *Journal of Financial Economics* 上题为 *Size and Value in China* 的文章。这篇论文的主要贡献有三点：①提出由于中国股票市场长期存在 IPO（initial public offering，首次公开发

① Bender. Hammond 和 Mok（2014）。

行)发行审核严格、进度较慢的问题,中国股票市场中市值最小的30%股票会隐含部分被其他想要上市的公司借壳上市的价值,这部分股票的"壳价值"会对传统资产定价模型产生影响,因此应该删除;②中国股票市场的价值指标采用市盈率的倒数来衡量 EP(earnings-to-price)要显著好于用账面市值比 bm(book-to-market);③针对中国股票市场由于散户非理性交易导致的反转和换手率异象,提出了加入换手率因子之后的改进版 CH4(中国四因素模型)因子。

接下来将逐步介绍 CH4 因子的构建方法,并展示复现结果。

一、数据清洗与基础变量准备

关于数据清洗和过滤条件见本书第五章第一节样本数据介绍部分。构建四因子需要的基础变量有以下几个。

1. 复权收益率

复权收益率(adj_ret)是经过分红、拆股、配股等时间调整好的收益率。在 Wind 数据库中可以通过日度的复权收盘价('S_DQ_ADJCLOSE')计算得到。

2. 企业市值

企业市值(ME)是企业的 A 股总市值。在 Wind 数据库中可以通过日度的未复权收盘价('S_DQ_CLOSE')乘以 A 股总股本('S_SHARE_TOTALA')计算得到。

3. 企业价值

企业价值(EP)用市盈率的倒数(earnings-price ratio)来衡量。在 Wind 数据库中,分子企业季度盈利使用的指标为扣除非经常性损益后净利润(扣除少数股东损益)('NET_PROFIT_AFTER_DED_NR_LP'),由分母使用日度的未复权收盘价('S_DQ_CLOSE')乘以总股本('TOTAL_SHR')计算得到。

4. 异常换手率

企业的异常换手率(abnormal turnover,AT)用企业过去 20 个交易日的日度换手率均值除以过去 250 个交易日的日度换手率均值来衡量。日度换手率在 Wind 数据库中由分子企业日度交易量('S_DQ_VOLUME')除以总股本('TOTAL_SHR')得到。

二、因子模型的构建

具体的 CH4 表达公式见方程(2-1)，其中包括 4 个因子：市场因子(MKT)、规模因子(SMB)、价值因子(value-minus-growth，VMG)、流动性因子(pessimistic-minus-optimistic，PMO)。

$$E[R_i]-R_f=\beta_i^{\mathrm{MKT}}(\mathrm{MKT}_t)+\beta_i^{\mathrm{SMB}}(\mathrm{SMB}_t)+\beta_i^{\mathrm{VMG}}(\mathrm{VMG}_t)+\beta_i^{\mathrm{PMO}}(\mathrm{PMO}_t)+\varepsilon_t \tag{2-1}$$

1. 市场因子

T 期的市场因子(MKT)的收益率，等于全市场股票按照 $T-1$ 期 A 股总市值(ME)加权形成投资组合的收益率减去一年期定期存款利率。

2. 规模因子

规模因子(SMB)需要进行中性化处理。在三因子和四因子的版本中，中性化的方式稍微有不同，不同之处在于三因子版本的规模因子是由 2×3 的规模×价值因子，基于独立双变量资产组合排序构造而成，具体计算见方程(2-2)。

$$\mathrm{SMB}=1/3(S/V+S/M+S/G)-1/3(B/V+B/M+B/G) \tag{2-2}$$

在 $T-1$ 期构建资产组合的逻辑为：①按照 A 股总市值(ME)指标的中位数将样本分为两组：大股票价值(B)和小股票价值(S)。②按照企业价值(EP)指标，将样本分成 3 组：最大的前 30%为高估值股票价值(V)、中间 40%为中估值股票价值(M)和最小的后 30%为低估值股票价值(G)。将两个指标结合起来就能把所有股票划分形成 6 组按照市值和价值组合的资产组合：S/V、S/M、S/G、B/V、B/M 和 B/G。每个资产组合依然使用股票的 A 股总市值(ME)进行加权。四因子的版本下逻辑与前面类似，只是把中性化指标进行了替换，即将 2×3 规模×价值因子替换成了 2×3 规模×异常换手率因子。

3. 价值因子

规模中性化处理过后的价值因子(VMG)由 2×2 的规模×价值因子,基于独立双变量资产组合排序构造而成,具体计算见方程(2-3)。

$$\text{VMG}=1/2(S/V+B/V)-1/2(S/G+B/G) \tag{2-3}$$

4. 换手率因子

规模中性化处理过后的换手率因子(PMO)与价值因子的构建非常类似。由 2×2 的规模×换手率因子,基于独立双变量资产组合排序构造而成,具体计算见方程(2-4):

$$\text{PMO}=1/2(S/P+B/P)-1/2(S/O+B/O) \tag{2-4}$$

在 $T-1$ 期构建资产组合的逻辑为:①按照 A 股总市值(ME)指标的中位数将样本分为两组:大股票价值(B)和小股票价值(S)。②按照企业的异常换手率(AT)指标,将样本分成 3 组:最大的前 30%为高异常换手率股票价值(O)、中间 40%为中换手率股票价值(M)和最小的后 30%为低换手率股票价值(P)。将两个指标结合起来就能把所有股票划分形成 6 组按照市值和价值组合的资产组合:S/O、S/M、S/P、B/O、B/M 和 B/P。每个资产组合依然使用股票的 A 股总市值(ME)进行加权。

三、CH4 因子的描述性统计

表 2-4 展示了基于我们自己的数据,按照以上流程构建的 2000 年 1 月到 2020 年 12 月的 CH4 因子与 CH4 论文作者 Robert F. Stambaugh 在其官网上给出的四因子的相关系数。①表 2-4 中描述了四因子的标签,其中带"_ours"后缀的是我们自己复现的因子,不带后缀的是原文给出的 CH4 因子数据。②表 2-4 中第 1~7 列展示了每个因子收益率在时间序列上的描述性统计。以第 1 行 mkt 为例,数据显示 A 股市场因子月度收益率的描述性如下:均值为 0.67%,标准差为 0.075 9,最小值为−25.47%,25 分位数为−4.36%,中位数为 0.80%,75 分位数为 4.59%,最大值为 24.58%。③表 2-4 最后一列展示了我们复现的结果与原文因子时间序列上的相关关系。

例如我们复现的市场因子与原文的市场因子相关性高达0.99，其他因子的相关系数也都在0.96，从复现结果上来看，我们自己构建的CH4因子与原文非常接近。④从表2-4中第1～7行能够看到，A股的价值因子（vmg）的风险溢价最高，月度收益率均值高达1.12%，规模因子（smb）的风险溢价最低，月度收益率均值为0.46%，换手率因子(pmo)的风险溢价均值为0.77%。

表2-4　2000年1月到2020年12月复现CH4因子与CH4因子官网数据对比

因子	均值	标准差	最小值	25分位数	中位数	75分位数	最大值	相关系数
mkt	0.006 7	0.075 9	−0.254 7	−0.043 6	0.008 0	0.045 9	0.245 8	0.997 5
mkt_ours	0.006 2	0.076 6	−0.254 6	−0.042 8	0.008 3	0.044 3	0.244 1	
vmg	0.011 2	0.037 1	−0.102 8	−0.009 1	0.010 8	0.035 7	0.151 7	0.962 3
vmg_ours	0.011 3	0.036 3	−0.097 6	−0.008 1	0.010 9	0.034 7	0.158 3	
smb	0.004 6	0.044 6	−0.172 0	−0.018 0	0.002 0	0.027 1	0.184 1	0.988 5
smb_ours	0.004 7	0.044 1	−0.172 1	−0.018 7	0.002 8	0.027 4	0.184 9	
pmo	0.007 7	0.035 8	−0.201 9	−0.008 3	0.008 5	0.026 0	0.127 5	0.969 9
pmo_ours	0.007 6	0.035 2	−0.197 0	−0.007 4	0.008 6	0.024 1	0.151 0	

注：以上基准中国版的四因子数据来源为Robert F. Stambaugh官网①，由于官网数据只到2020年12月，因此复现时间截止到该月。

第四节　异象性因子的检验

一、异象性因子介绍

异象性因子是指根据某个股票特征，用投资组合排序的方法构建出一个资产组合，该资产组合的收益率如果不能被上述因子模型解释，那么就称该特征形成的投资组合为异象性因子，这个特征称为异象性特征。研究异象性因子的意义在于，如果能够找到市场上的某种异象性因子，那么意味着你能够构建获得一个拥有超额收益且不能被风险因子模型所解释的投资组合。这一方面是对市场有

① http://finance.wharton.upenn.edu/～stambaug/.

效性理论的挑战；另一方面对现实世界的投资人而言，是非常有实际价值的。

表2-2中显示了持有企业市值最低的投资组合，未来一个月的收益率的均值为1.5%，经过Newey-West调整后，标准差为0.605，T值为2.327，P值为0.02，在0.05的显著性水平下拒绝原假设。这说明根据市值指标进行投资形成的资产组合，能够在统计上获得显著大于0的投资收益。但是这还不能说明企业市值是异象性因子，异象性因子需要经过因子模型的统计检验。原因在于这部分超额收益率如果是能够被因子模型所解释的，那么说明投资组合获得的大于0的投资收益是来源于你对于风险因子的额外暴露，承担了系统性风险从而带来的收益，我们称之为风险溢价。

二、异象性因子的时序回归统计检验

1. 时序回归统计检验介绍

时序回归统计检验是异象性因子最常用的检验方法。假设R_t为异象性特征形成的投资组合收益率的时间序列，其中t代表收益率的时序为$t(t=1,2,\cdots,T)$，$\boldsymbol{\lambda}_t(t=1,2,\cdots,T)$代表$t$时刻的$K$维的因子收益率向量(例如在前面介绍的CH4因子模型中有4个因子，即$K=4$)。在进行异象性检验时，需要用$\boldsymbol{\lambda}_t$作为解释变量，回归方程左边R_t为被解释变量，进行时间序列回归检验，如方程(2-5)所示：

$$R_t=\hat{\alpha}+\hat{\boldsymbol{\beta}}'\boldsymbol{\lambda}_t+\hat{\varepsilon}_t \tag{2-5}$$

在检验某投资组合是否异象时，统计模型的原假设是异象收益率不存在因子模型无法解释的部分，即横截项$\hat{\alpha}=0$，如果异象性因子的收益率不能被因子收益率的线性组合所解释，那么横截项的估计系数$\hat{\alpha}$将在统计上显著不为0。方程(2-5)中$\hat{\boldsymbol{\beta}}'$是$K$维因子收益率的风险暴露的估计，它的经济学含义在于，方程左边形成的投资组合在不同因子上的风险暴露情况。$\hat{\varepsilon}_t$是随机扰动项。

2. Newey-West调整

正确的统计推断依赖于科学的统计量计算。需要特别指出的是，OLS(ordinary least square，最小二乘)估计中需要假设随机扰动项是白噪声，否则当随机扰动项存在自相关或者异方差问题时，OLS估计获得的标准误就是有偏的，这会导致计算的 t 统计量也会有偏，无法获得正确的统计推断结论。在实际的因子收益率数据中，OLS的假设往往不会被满足，此时需要对统计量进行修正。Newey-West调整就是针对以上问题给出的一个标准误统计量调整方法，这个方法由Newey和West两位作者于1987年提出，是目前实证资产定价领域中最常用的调整方法，谷歌学术引用量超过2万。

- 核心实现代码解析

```python
statsmodels.api.OLS(y,X).fit(cov_type = 'HAC',cov_kwds = {'maxlags':4})
```

参数解析：

y：被解释变量。

X：解释变量和控制变量，如果数据中没有常数项，需要手动添加。

cov_type：使用参数'HAC'来获得Newey-West调整后的标准误统计量。

cov_kwds：使用字典{'maxlags':4}来指定滞后的期数，可以根据Newey和West提供的公式 $L=[4\times(T/100)\text{^}(2/9)]$ 计算得到。

3．*时序回归统计检验举例*

具体地，继续表2-2的案例，并采用前面介绍的CH4因子模型作为基准风险模型，对根据小市值减去大市值($L-H$)的资产组合进行时间序列异象性检验，将估计方程(2-5)改写成方程(2-6)：

$$R_t=\hat{\alpha}+\hat{\beta}^{\mathrm{MKT}}(\mathrm{MKT}_t)+\hat{\beta}^{\mathrm{SMB}}(\mathrm{SMB}_t)+\hat{\beta}^{\mathrm{VMG}}(\mathrm{VMG}_t)+\hat{\beta}^{\mathrm{PMO}}(\mathrm{PMO}_t)+\hat{\varepsilon}_t \tag{2-6}$$

模型实际估计结果如表2-5所示：①表中每列分别代表常数项、市场暴露、规模因子暴露、价值因子暴露、换手率因子暴露的估计值，即对于方程(2-6)的 $\hat{\alpha}$、$\hat{\beta}^{\mathrm{MKT}}$、$\hat{\beta}^{\mathrm{SMB}}$、$\hat{\beta}^{\mathrm{VMG}}$、$\hat{\beta}^{\mathrm{PMO}}$。②表中第1～4行分别代表方程(2-6)的估计系数、标准误、T 值和 P 值(以上统计

量均为经过 Newey-West 调整后的统计量)。③第 1 列常数项的系数为 0.001,标准误为 0.002,T 值为 0.768,P 值为 0.443,这说明异象性因子的收益率能被因子收益率的线性组合所解释,横截项的估计系数 $\hat{\alpha}$ 将在统计上不为 0 并不显著。④从表中第 2～5 列的结果发现:小市值减去大市值($L-H$)的资产组合在市场因子上的暴露并不显著,而规模因子暴露、价值因子暴露、换手率因子暴露在统计上都是显著的。

表 2-5 企业市值异象时序回归统计检验结果

指　　标	常数项	市场暴露	规模因子暴露	价值因子暴露	换手率因子暴露
估计系数	0.001	−0.012	1.306	−0.191	0.140
标准误	0.002	0.019	0.062	0.057	0.071
T 值	0.768	−0.617	21.127	−3.360	1.972
P 值	0.443	0.538	0.000	0.001	0.049

注:以上统计量均为经过 Newey-West 调整后的统计量。

三、股票特征与未来收益率的检验:Fama-MacBeth 截面回归

1. Fama-MacBeth 截面回归流程介绍

在前面的统计检验设计中,有一个缺点在于检验某变量对于未来收益率影响时,不能很好地控制其他潜在变量的影响。为了克服以上缺陷,Fama-MacBeth 截面回归分析(Fama et al.,1973)是一个很好的统计分析工具。

沿用前面的设定,假设被解释变量用 Y(例如未来一个月的收益率)表示,核心解释变量用 X(例如企业流通市值)表示,需要控制的协变量为 X_1、X_2…(例如企业价值和企业换手率)。Fama-MacBeth 截面回归分析分为两步。第一,对每一个时间 $t(t=1,2,\cdots,T)$,基于横截面样本进行回归分析,记录下每一期横截面回归的回归系数、样本量、调整后 R^2。第二,Fama-MacBeth 最后的回归系数、样本量、调整后 R^2 为 T 期取平均,系数的统计量为对 T 期的以上回归系数的时间序列进行统计检验,检验各项回归系数的时间序列是

否显著异于0。需要注意的是，这里的统计检验量也需要使用前面介绍的 Newey-West 调整。

2. Fama-MacBeth 截面回归举例说明

依然沿用前面的案例，需要研究中国股票市场 2000 年 1 月到 2021 年 6 月(共计 258 个月)样本中，控制企业价值和换手率的条件下企业总市值变量是否能够用于预测未来一个月的收益率。总体的回归设定如方程(2-7)所示：

$$R_{i,t+1}=\hat{\alpha}+\hat{\beta}^{\mathrm{ME}}(X\_\mathrm{ME}_{i,t})+\hat{\beta}^{\mathrm{EP}}(X\_\mathrm{EP}_{i,t})+\hat{\beta}^{\mathrm{AT}}(X\_\mathrm{AT}_{i,t})+\hat{\varepsilon}_{i,t} \tag{2-7}$$

其中，$R_{i,t+1}$ 是被解释变量，代表第 i 只股票第 $t+1$ 个月的月度收益率。$X\_\mathrm{ME}_{i,t}$ 是核心解释变量，代表第 i 只股票第 t 个月月底的 A 股总市值；$X\_\mathrm{EP}_{i,t}$ 是控制变量，代表第 i 只股票第 t 个月月底的市盈率倒数；$X\_\mathrm{AT}_{i,t}$ 是控制变量，代表第 i 只股票第 t 个月月底异常换手率；$\hat{\varepsilon}_{i,t}$ 是随机扰动项。方程(2.7)的 $\hat{\beta}^{\mathrm{ME}}$、$\hat{\beta}^{\mathrm{EP}}$、$\hat{\beta}^{\mathrm{AT}}$ 分别代表企业 A 股总市值、市盈率倒数、异常换手率对未来一个月月度收益率影响的偏效应。$\hat{\alpha}$ 是常数项。在 Fama-MacBeth 截面回归中，最需要关注的系数是 $\hat{\beta}^{\mathrm{ME}}$ 的大小和显著性水平，这个系数代表企业市值的变动会给企业未来一个月收益率带来多大的影响。

需要注意的是，进行以上回归时，为了剔除异常值对回归系数的影响，一般会对解释变量进行缩尾处理，而对于被解释变量一般不进行缩尾处理。此外，由于股票市场横截面的市值变量分布会呈现出长尾分布，这种非标准正态分布也可能对估计系数造成较大影响，一般会对变量取对数处理，即转换成 $\log(X\_\mathrm{ME}_{i,t})$。

此外，在对方程(2-7)进行估计时，一般会采用不同的方程设定，给出多个设定下模型估计的结果。例如，①单独把企业总市值回归在未来一个月的收益率上，不添加任何控制变量；②把企业总市值回归在未来一个月的收益率上，只添加市盈率倒数作为控制变量；③把企业总市值回归在未来一个月的收益率上，只添加异常换手率作为控制变量；④按照模型(2-7)的设定，把企业总市值回归在未来一个月的收益率上，同时添加市盈率倒数和异常换手率作为控制变量。

3. 使用 Fama-MacBeth 截面回归分析的具体流程

(1) 对 $t=1$(2000 年 1 月)到 $t=T$(2021 年 6 月)，每一个月横截面样本用方程(2-7)设定进行估计，共计估计 258 次，记录下每一期横截面回归的回归系数、样本量、调整后 R^2。以 $t=T$(2021 年 6 月)为例，估计结果如表 2-6 所示。

表 2-6　2021 年 6 月横截面估计结果

指　　标	常数项	ME	EP	AT
回归系数	0.219	−0.008	−0.187	−0.017 2
标准误	0.055	0.002	0.186	0.005
T 值	4.000	−3.180	−1.006	−3.281
P 值	0.000	0.001	0.314	0.001
调整 R^2	0.010			
样本数	2 839			

注：以上统计量均为经过 Newey-West 调整后的统计量。

(2) Fama-MacBeth 最后的回归系数、样本量、调整后 R^2 为 T 期取平均，系数的统计量为对 T 期(258 期)的以上回归系数的时间序列进行统计检验，检验各项回归系数的时间序列是否显著异于 0。

4. 使用 Fama-MacBeth 截面回归分析的含义解读

表 2-7 展示了具体的 Fama-MacBeth 回归分析结果。

表 2-7　Fama-MacBeth 回归分析结果

指　　标	常数项	ME	EP	AT
回归系数	0.080	−0.003	0.398	−0.007
标准误	0.032	0.001	0.062	0.001
T 值	2.519	−2.202	6.448	−6.063
P 值	0.012	0.028	0.000	0.000
调整 R^2	0.050			
样本数	1 372			

注：以上统计量均为经过 Newey-West 调整后的统计量。

（1）表 2-7 中第 1 列为常数项，第 2～4 列分别代表企业 A 股总市值、市盈率倒数、异常换手率对未来一个月月度收益率影响偏效应的估计值，即对应方程(2-7)的 $\hat{\beta}^{ME}$、$\hat{\beta}^{EP}$、$\hat{\beta}^{AT}$。

（2）表 2-7 中第 2～5 行分别代表方程(2-7)的估计系数、标准误、T 值和 P 值（以上统计量均为经过 Newey-West 调整后的统计量）。

（3）统计含义的解释：回归表格中最应该关注的应该是第 2 列 $\hat{\beta}^{ME}$ 的估计系数，值为－0.003，标准误为 0.001，T 值为 2.519，P 值为 0.012，这说明企业总市值变量与未来一个月收益率存在显著负相关关系。同样可得，第 3 列 $\hat{\beta}^{EP}$ 的估计系数值为 0.398，标准误为 0.062，T 值为 6.448，P 值为 0.000，这说明企业市盈率倒数变量与未来一个月收益率存在显著正相关关系。第 4 列 $\hat{\beta}^{AT}$ 的估计系数值为－0.007，标准误为 0.001，T 值为－6.063，P 值为 0.000，这说明企业异常换手率变量与未来一个月收益率存在显著负相关关系。模型平均的调整 R^2 值为 0.05，这说明 4 个变量对于未来预期收益率变动能够解释的部分约为 5%。模型 Fama-MacBeth 回归每一期的平均样本数约为 1 372。

（4）经济学含义解释：表 2-7 中第 2 列 $\hat{\beta}^{ME}$ 的估计系数值为－0.003，由于回归中使用的为企业总市值的对数，因此该估计系数的经济学含义可以解释为，每当企业总市值上升（下降）1%，企业未来一个月的收益率下降（上升）0.3%。第 3 列 $\hat{\beta}^{EP}$ 的估计系数值为 0.398，这意味着每当企业的市盈率倒数变量上升（下降）一个单位，企业未来一个月的收益率上升（下降）0.398，由于企业的市盈率倒数的标准差值为 0.029，因此随着企业的市盈率倒数变量上升（下降）一个标准差（0.029），企业未来一个月的收益率上升（下降）1.116%（0.029×0.398）。类似地，第 4 列 $\hat{\beta}^{AT}$的估计系数值为－0.007，这意味着每当企业的异常换手率变量上升（下降）一个单位，企业未来一个月的收益率就下降（上升）0.7%，由于企业的异常换手率的标准差值为 0.731，因此随着企业的异常换手率变量上升（下降）一个标准差(0.731),企业未来一个月的收益率下降(上升)0.511% [0.731×(−0.7%)]。

5. Fama-MacBeth 截面回归总结

然而与前面的方法相比,Fama-MacBeth 截面回归分析需要假设变量对于未来收益率的影响是线性的,也就是它只能检验两者是否存在线性关系,这也是该方法的一个局限性。除了上述手动实现的方法之外,还可以调用 python 的 Linermodels 库,直接获得 Fama-MacBeth 的估计结果。

- 核心实现代码解析

```python
linearmodels.panel.model.FamaMacBeth(y, X).fit(cov_type = 'kernel', bandwidth = 4)
```

参数解析:

y:被解释变量。

X:解释变量和控制变量,如果数据中没有常数项,需要手动添加。

cov_type:使用参数' kernel '来获得 Newey-West 调整后的标准误统计量。

bandwidth:指定 Newey-West 调整滞后的期数,可以根据 Newey 和 West 提供的公式 $L=[4\times(T/100)^{\wedge}(2/9)]$ 计算得到。

参考文献

BANZ R W, 1981. The relationship between return and market value of common stocks[J]. Journal of financial economics, 9(1): 3-18.

FAMA E F, MACBETH J D, 1973. Risk, return, and equilibrium: empirical tests[J]. Journal of political economy, 81: 607-636.

LIU J, STAMBAUGH R F, YUAN Y U, 2019. Size and value in China[J]. Journal of financial economics, 134: 48-69.

NEWEY W K, WEST K D, 1987. A simple, positive semi-definite, heteroskedasticity and autocorrelation consistent covariance matrix[J]. Econometrica, 55: 703-708.

第三章

机器学习模型评估

第一节 过拟合与欠拟合

机器学习模型构建的目标是能够基于有限的训练集样本，学习到数据特征与预测标签之间真正的关系，最终使该模型能够在新的测试样本中获得较好的预测结果。为了达到这个目标，我们应该尽可能让模型去注意到潜在样本的“一般规律”，使模型能够举一反三，而不是去记住所有训练集的细节。如果模型在学习样本时，学习得太好了，在训练集中学习到了过多的细节并取得了出色的表现，这可能会导致模型在面临一个新的数据集时，预测结果非常差。

图 3-1 为欠拟合、适度拟合和过拟合的建模情况。假设我们是要寻找 X 和 Y 之间最佳的函数关系，在图 3-1(a)中，我们用一个简单的线性关系来描绘两者之间的关系，但是从图中我们看到，显然 X 与 Y 之间的关系并不是简单的线性关系能够描绘的，这种情况就是欠拟合。在图 3-1(b)中，我们用一个两次的抛物线关系来描绘两者之间的关系，虽然这条抛物线并不能完美地描述 X 与 Y 之间的关系，但是这个函数看起来比较好地描绘了 X 和 Y 之间的关系。在图 3-1(c)中，我们用一个高次项的函数曲线关系来描绘两者之间的关系，这个高次项的函数曲线完美地描述 X 与 Y 之间的关系，几乎每一个点都落在拟合函数上，但是用过度复杂的模型去建模，很可能导致样本外预测的失效。奥卡姆剃刀定律（Occam's Razor，Ockham's

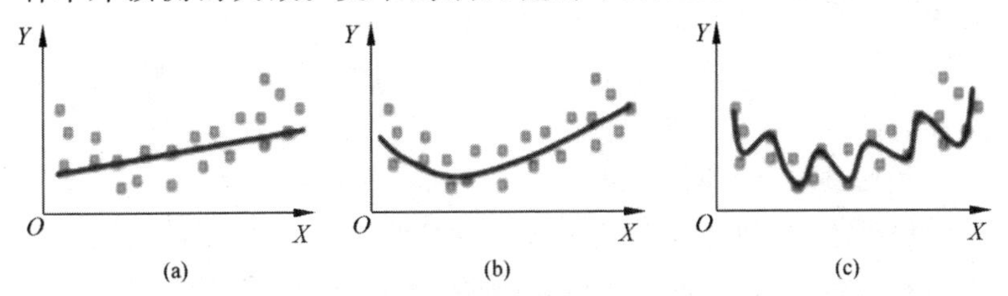

图 3-1　欠拟合、适度拟合和过拟合的建模情况

(a) 欠拟合；(b) 适度拟合；(c) 过拟合

Razor)也是对于过拟合问题的一个很好表述:“如无必要,勿增实体”,即“简单有效原理”。

过拟合问题出现的原因是模型对训练数据产生了过度拟合,错误地把训练数据中的噪声当成有效信息,当样本外数据中不存在训练数据中的噪声时,模型往往找不到有效信息,导致样本外预测结果差。过拟合问题最明显的特征就是,模型在训练集上表现优秀,但是在样本外的测试集上表现非常差。过拟合问题的发生往往是伴随着选择使用更加灵活或者复杂的模型,如决策树、神经网络等非常灵活的模型。与过拟合相对应的就是欠拟合问题,它是指模型对训练数据拟合得不好、对于新的数据也拟合不好的情况。

常用的过拟合问题的解决方案一般有以下几种。

(1) 增加更多的数据。在机器学习算法中,有的时候数据的重要性会高于模型。我们在用训练集数据进行训练时,往往会假设训练数据与将来的数据是独立同分布的,只有训练数据更多,才能更好地使得训练集中的数据更加逼近真实的数据分布,获得更好的结果。

(2) 降低模型复杂度。机器学习中经常使用正则化、剪枝等方法来强制降低模型的复杂度,尽可能选择用一个偏简单的模型来建模。

(3) 集成算法。集成算法的核心思想是构建多个模型,然后通过一定策略把它们结合来完成学习任务的,常常可以获得比单一学习显著优越的学习器。

(4) 主动丢失一些信息。在神经网络的 dropout 技术和随机森林的特征随机选择中都有用到这个方法。

(5) 使用交叉验证(cross-validation)的方式。这点非常重要,会在后续章节中详细阐述。

相比过拟合来说,欠拟合问题更加容易解决,一般来说只需要增加模型复杂度即可。如果用了很复杂的模型,训练集的表现还是非常糟糕,表现出欠拟合的情况,你应该检查一下数据的特征工程是否有问题,是否你的样本特征完全无法解释的标签变量导致,应该考虑增加新的有解释能力的特征变量。

第二节　偏差和方差的权衡

为了更好地理解过拟合问题，可以进一步对训练集误差进行偏差和方差的拆解。假设存在一个真实的函数 $f(\cdot)$ 描绘了 y 与 x 之间的关系，即 $y=f(x)$。机器学习的任务是要基于目前有的训练集数据 T，寻找一个最优的 $\hat{f}_{\mathrm{T}}(\cdot)$，使得其尽可能地与真实的函数 $f(\cdot)$ 近似。一般来说，这个 $\hat{f}_{\mathrm{T}}(\cdot)$ 函数必然会与真实的函数 $f(\cdot)$ 存在偏离，这个偏离误差可以分为三个部分：偏差、方差和必然存在的误差项：①偏差的本质是来源于模型选择的误差。例如在图 3-1 中，如果你选择用线性模型去拟合数据，那么必然不可能获得一个最优模型，因为 x 和 y 之间真正的关系并不是线性的。②方差的本质是来源于随机选择训练集数据 T 带来的偏差。③必然存在的误差项本质来源于可能模型本身就由一些不可被预测的随机误差项构成。在机器学习任务中，你永远不可能获得所有的样本，因此目前能够观测到的训练集 T 本身就具有随机性，根据有偏的训练集，就算训练出来最优模型，这个模型也永远无法和真实的函数 $f(\cdot)$ 一样。为了更加严谨理解这三项误差，我们从数学上对上述问题进行定义和证明。

一、模型训练误差

在回归问题中，一般使用均方误差（mean squared error，MSE）大小来定义模型的好坏。它定义了我们训练好的模型 $\hat{f}_{\mathrm{T}}(\cdot)$ 预测结果与真实函数 $f(\cdot)$ 之间的欧式距离。即训练集的 MSE 由式（3-1）决定：

$$\mathrm{MSE}(x)=E_{\mathrm{T}}[(\hat{f}_{\mathrm{T}}(x)-f(x))^2] \tag{3-1}$$

E_{T} 代表来自不同训练集的平均值（期望值），我们定义不同训练集预测结果的平均值用 $\mu(x)$ 表示，即 $\mu(x)=E_{\mathrm{T}}[\hat{f}_{\mathrm{T}}(x)]$。

1. 偏差的定义

偏差是人为选取模型带来的误差，它描述了训练集拟合出来模型的预测结果平均值与样本真实结果平均值的距离，数学上等于使用模型在训练集预测结果的平均值减去真实样本的平均值。

$$\mathrm{Bias}(x)=E_{\mathrm{T}}[\hat{f}_{\mathrm{T}}(x)-f(x)]=\mu(x)-f(x) \tag{3-2}$$

2. 方差的定义

方差是随机不同的训练集带来的偏离误差，它可以用统计学中方差的概念进行度量，即方差等于平均训练集预测结果与训练集预测结果的平均值之差的平方，用公式可以表示为

$$\begin{aligned}\mathrm{Var}(x)&=E_{\mathrm{T}}[(\hat{f}_{\mathrm{T}}(x)-\mu(x))^2]\\&=E_{\mathrm{T}}[(\hat{f}_{\mathrm{T}}(x)^2-2\hat{f}_{\mathrm{T}}(x)\mu(x)+\mu(x)^2)]\\&=E_{\mathrm{T}}[\hat{f}_{\mathrm{T}}(x)^2]-E_{\mathrm{T}}[2\hat{f}_{\mathrm{T}}(x)\mu(x)]+E_{\mathrm{T}}[\mu(x)^2]\\&=E_{\mathrm{T}}[\hat{f}_{\mathrm{T}}(x)^2]-\mu(x)^2\end{aligned} \tag{3-3}$$

3. 训练误差的拆解证明

定义好了偏差和方差之后，很容易将上面的训练误差进行拆解，证明过程如下：

$$\begin{aligned}\mathrm{MSE}(x)&=E_{\mathrm{T}}[(\hat{f}_{\mathrm{T}}(x)-f(x))^2]\\&=E_{\mathrm{T}}[\hat{f}_{\mathrm{T}}(x)^2-2\hat{f}_{\mathrm{T}}(x)f(x)+f(x)^2]\\&=E_{\mathrm{T}}[\hat{f}_{\mathrm{T}}(x)^2]-2\mu(x)f(x)+f(x)^2\\&=E_{\mathrm{T}}[\hat{f}_{\mathrm{T}}(x)^2]-\mu(x)^2+\mu(x)^2-2\mu(x)f(x)+f(x)^2\\&=E_{\mathrm{T}}[\hat{f}_{\mathrm{T}}(x)^2]-\mu(x)^2+(\mu(x)-f(x))^2\\&=\mathrm{Var}(x)+\mathrm{Bias}(x)^2\end{aligned} \tag{3-4}$$

二、偏差与方差权衡说明

从以上分析中可以看到，任何一个训练模型误差，都可以被拆分为偏差和方差两个部分，那么什么样的模型才是我们的目标呢？进一步基于以下打靶图片来说明模型训练的目标（图 3-2），每一个基于训练集训练好的模型都可以看成对完美模型近似的尝试。

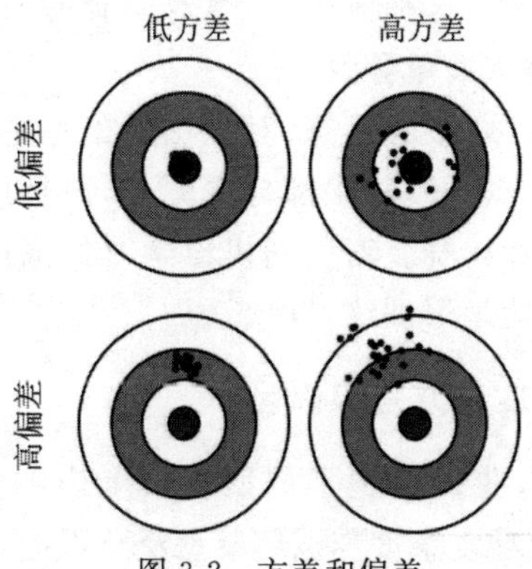

图 3-2　方差和偏差

这个近似过程跟运动员射击很像，如果你是一个射击教练，下面 4 个打靶成绩来自你手下的 4 名队员，你应该如何提升 4 名队员的成绩呢？

（1）高偏差和高方差的状态，对应图 3-2 的右下角情况。这名队员显然射击能力很差，完全无法打中靶心，建议这名队员全方位提升或者直接劝退才行。对应到机器学习的案例中，你训练好了一个模型，但是在不同的样本上，都表现非常差，而且每次预测的结果也千差万别。这种情况下，一般是你的模型不适合目前数据集，可以直接换模型或者加强特征工程。

（2）高方差和低偏差的状态，对应图 3-2 的右上角情况。这名队员显然射击能力还行，有的时候能够打中靶心，有的时候偏得很远，建议这名队员加强稳定性。对应到机器学习的案例中，你训练好了一个模型，但是在不同的样本上，有一些样本表现非常好，有一些样本却表现非常差，而且每次预测的结果非常不稳定。这种情况下，也对应着前面讲过的过拟合问题，一般是由于模型过度复杂导致。

（3）高偏差和低方差的状态，对应图 3-2 的左下角情况。这名队员显然射击能力一般，虽然完全打不中靶心，但是成绩非常稳定，建议这名队员瞄得准一些。对应到机器学习的案例中，你训练好了一个模型，在不同的样本上，对不同样本都表现非常一般，但是每次预测的结果非常稳定。这种情况下,也对应着前面讲过的欠拟合问题,一般是由于模型太简单导致。

(4) 低偏差和低方差的状态,对应图 3-2 的左上角情况。这名队员显然射击能力非常好,每次都打中靶心,而且成绩非常稳定,建议这名队员直接参加比赛。对应到机器学习的案例中,这个就是我们追求的理想的机器学习训练目标。

三、模型复杂度与方差和偏差

前面的说明中,我们提到了模型复杂度影响着模型的泛化误差,图 3-3 展示了模型复杂度与训练模型泛化误差、方差和偏差之间的具体关系。

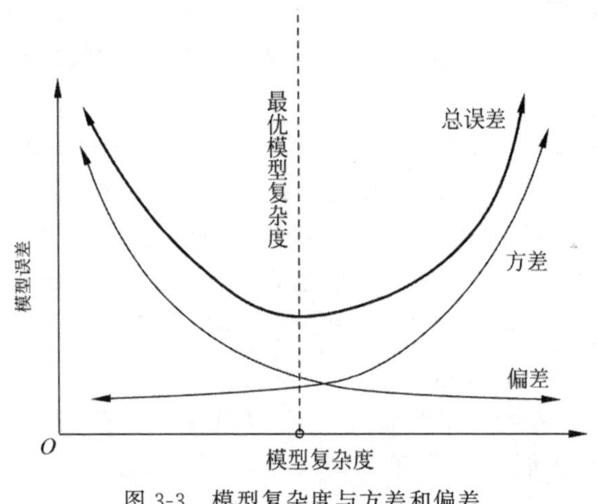

图 3-3　模型复杂度与方差和偏差

(1) 从总误差来说,随着更复杂模型的使用,总误差先下降后上升。

(2) 从偏差来说,随着更复杂模型的使用,偏差会一直下降。前面也提到,偏差来源于人为主管选择不同模型的误差,随着我们从使用最简单的线性模型,到使用那些最灵活、什么函数形式都不限制的神经网络模型,能够获得的偏差会逐渐降低。

(3) 从方差来说,随着更复杂模型的使用,方差会一直上升。随着我们从使用最简单的线性模型,到使用那些最灵活、什么函数形式都不限制的神经网络模型，获得的方差误差会逐渐上升。我们要追求的最优模型，是模型总误差处于最低点时，既不是偏差最小的模型，也不是方差最小的模型，而是两者兼顾的最优模型，这才是我们选择模型的目标。

第三节 回归问题机器学习模型的评价指标

前面讲到了很多根据模型训练误差来挑选模型的思想，但是挑选模型除了训练误差之外，还有很多其他的指标也常常用于模型评价中。回归问题要解决的是连续变量的预测问题，一般用于评价回归问题模型好坏的指标有均方误差(MSE)、均绝对误差(MAE)、可决系数(R^2)。假设回归问题标签的真实值为 y，模型预测值为 $\hat{y}$，样本的数量为 n，标签真实值的均值为 $\bar{y}$，不同的回归模型评价指标如下。

一、均方误差

均方误差是最常用的回归模型评价，使用平方项来度量预测值与真实值之间的区别，也被称为 L2 损失函数，其计算公式为

$$\mathrm{MSE}(y,\hat{y})=\frac{1}{n}\sum_{i=0}^{n-1}(y_i-\hat{y}_i)^2 \tag{3-5}$$

二、均绝对误差

均绝对误差使用绝对值来度量预测值与真实值之间的区别，也被称为 L1 损失函数，其计算公式为

$$\mathrm{MAE}(y,\hat{y})=\frac{1}{n}\sum_{i=0}^{n-1}|y_i-\hat{y}_i| \tag{3-6}$$

三、可决系数

可决系数代表着模型能够解释真实预测标签的方差占比，其计算公式如式(3-7)所示。当 R^2 值为 1 时，说明预测值与真实值完全相同，需要说明的是，R^2 值也可能小于 0，这是因为模型的分子度量着预测值和真实值之间的误差，而分母则度量着预测值和样本均值

之间的误差。当预测模型的结果特别离谱、预测结果还没有样本均值好时，这个指标会出现负值。

$$R^2(y,\hat{y})=1-\frac{\sum_{i=1}^{n}(y_i-\hat{y}_i)^2}{\sum_{i=1}^{n}(y_i-\bar{y})^2} \tag{3-7}$$

四、Python 实现

可以直接调用 sklearn 库中的以下函数来实现以上评价指标的计算。

```python
sklearn.metrics.mean_squared_error (y_true,y_pred)
sklearn.metrics.mean_absolute_error (y_true,y_pred)
sklearn.metrics.r2_score(y_true,y_pred)
```

参数解析：

y_true：数据集标签的真实值。

y_pred：数据集标签的预测值。

第四节　机器学习的超参数调校

在机器学习的建模过程中，一般需要把已有的数据样本划分为三个部分(图 3-4)：训练集、验证集和测试集。训练集是用来拟合数据初步建立模型的样本；验证集可以看成伪测试集，是用来调整模型超参数(hyperparameters)[①]的样本。测试集是最终评估不同模型

---

① 在机器学习算法中一般都会有参数不是基于数据拟合出来的，而需要人为调教来决定，它们是决定机器学习建模成功的关键因素。一些超参数决定了模型的复杂性，是模型建造者防止过度拟合、提升模型样本外表现的重要手段。常见的超参数有随机森林中树的个数、深度，LASSO 算法中的惩罚项等。每一组不同的超参数本质上会对应着不同的模型，验证集就是确定不同超参数对应的模型哪组才是最优而使用的数据集。

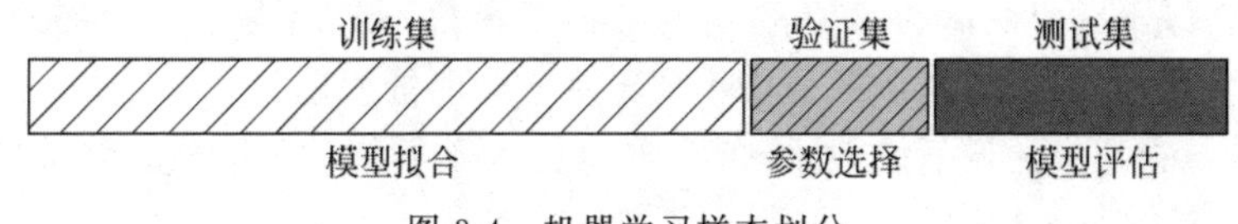

图 3-4　机器学习样本划分

在样本外表现的样本。

可以想象一个这样的场景，你是一名高中生物老师，目前你需要在全班学生中选出一名学生，代表班级参加全国生物竞赛，为班级争取荣誉。你手上的教学资料有过去 20 年的生物竞赛真题，你会怎么做呢？首先你会让全班学生学习 10 年的生物竞赛真题，然后看不同的学生对历年生物竞赛真题掌握程度怎么样。随后，你重点注意那些上课表现好、对 10 年真题回答正确率高的学生。随后，你会进一步在这些学生中举行 5 次额外测试，你会把之前没有教过学生的 5 年真题发给大家，看看大家对于没有见过的题目掌握程度如何，并且你也会给学生讲解这些真题，帮助大家继续进步，这样还可以帮助你排除掉一些依靠死记硬背、不会举一反三的学生。最后，你会基于最后的 5 年真题举办 5 场模拟考试，在最后的这部分学生中挑选 5 场模拟考试平均成绩最好的学生，参加最后的全国生物竞赛。

上面挑选学生参加生物竞赛的过程，其实跟我们挑选一个正确的机器学习模型非常类似。为了让我们的模型能够在未来新的样本上取得优异的表现，需要想办法增强模型的泛化能力，尽可能地降低模型的泛化误差。为此，首先可以把所有的数据按照 2∶1∶1 切成 3 份。1/2 的样本作为训练集用来训练和拟合模型，这部分可以理解为我们前面说的前 10 年生物竞赛真题。1/4 的样本作为验证集，作为我们用来调超参数的样本，这部分可以理解成举行 5 次额外测试。1/4 的样本作为测试集，作为我们比较不同模型泛化误差的样本基础，这部分可以理解成基于最后的 5 年真题举办的 5 场模拟考试。需要提醒的是，一般来说，训练集、验证集和测试集三者应该互斥，即训练集的样本、验证集样本和测试样本都是不同的。

也就是说，我们认为最终的全国生物竞赛是不会出现原题的，希望学生参加的模拟考试题目也不要出现教学时的原题。

验证集的设置方法根据样本的特点不同，一般有固定交叉验证、k 折交叉验证、时间序列交叉验证三种。

一、固定交叉验证

固定交叉验证集设置是指固定（随机）保留训练集样本中的某一部分样本作为验证集。这种方式验证集只进行了一次划分，数据结果具有偶然性，如果在某次划分中，训练集里全是容易学习的数据，验证集里全是复杂的数据，这样就会导致最终的结果不尽如人意。

• 核心实现代码解析

```python
sklearn.model_selection.train_test_split(*arrays, test_size = None, train_size = None, random_state = None, shuffle = True, stratify = None)
```

参数解析：

arrays：待切割的数据集，可以是列表、numpy、pandas 等数据格式。

train_size：训练集样本占比，如果是整数的话就是样本的数量。

test_size：测试集样本占比，如果是整数的话就是样本的数量。

random_state：随机数的种子，在需要重复试验或者是想让别人一模一样复现你的结果时，可以设置随机数种子，确保其他参数一样的情况下得到的随机划分结果是一样的。

shuffle：是否对样本进行随机打乱排序。

stratify：是否按类别进行抽样，通常在种类分布不平衡的情况下会用到 stratify。比如有 10 万个数据点，9 万个属于 A 类，1 万个属于 B 类，此时数据结构中 A∶B＝9∶1。如果使用了 stratify 参数，数据在切割时会保证类别比例一致，使得切割后训练集和测试集中的 A∶B＝9∶1。

二、*k* 折交叉验证

k 折交叉验证是机器学习中最常用的验证方式。以 5($k=5$)折交叉验证过程为例(图 3-5),5 折交叉验证首先将训练数据样本分为互斥的 5 份；其次,对于同一个超参数,会进行 5 次计算,每次计算都会留出 1 折数据当作一次测试集,其余 4 折数据当作训练集,这样循环 5 次；最后,在训练完 5 次之后,对 5 次的模型预测得分求平均值,这就是最后模型的平均得分。能够看到 *k* 折交叉验证巧妙地克服前面固定(随机)交叉验证集样本选取有偏的缺点,将所有样本都用上了。

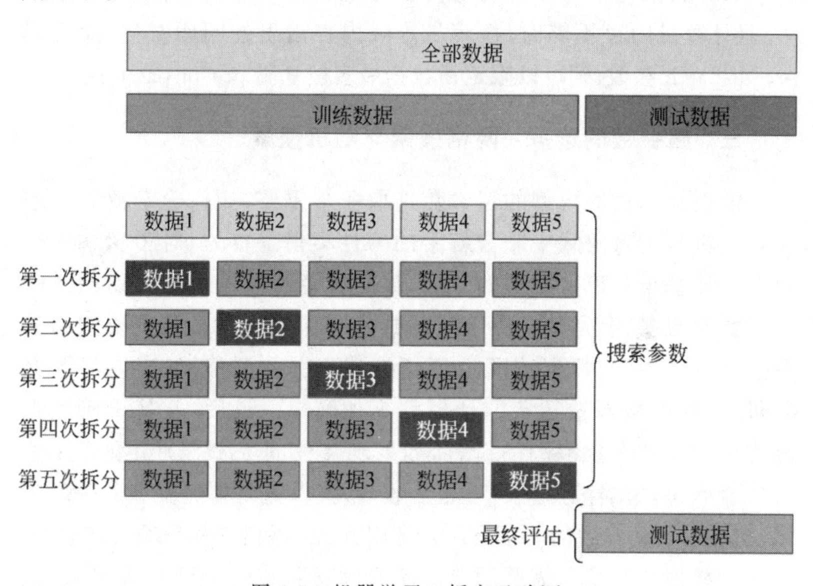

图 3-5　机器学习 5 折交叉验证

- 核心实现代码解析

```python
sklearn.model_selection.cross_val_score(estimator, X, y = None, *, groups = None, scoring = None, cv = None, n_jobs = None, verbose = 0, fit_params = None, pre_dispatch = '2* n_jobs', error_score = nan)
```

核心参数解析：

estimator：机器学习模型。

X：特征变量。

y：预测标签。

scoring：评价模型好坏的指标，如均方误差（MSE）、R^2 等。

cv：进行 k 折的次数。

verbose：日志冗长度。当取值为 0 时，代表不输出超参数训练的过程。

pre_dispatch：指定总共分发的并行任务数。当 n_jobs 大于 1 时，模型训练数据将在每个并行运算任务上复制 n_jobs，当训练数据很大，且计算机内存不够时，很容易导致内存溢出的问题发生，而设置 pre_dispatch 参数，则可以限定使数据最多被复制 pre_dispatch 次。

三、超参数的选取：网格搜索与随机搜索

前面提到机器模型的超参数选取非常重要，如何确定模型的超参数是机器学习实践中非常棘手的一件事情。首先，对于超参数的选取应该基于对模型原理的掌握，如随机森林模型虽然可以调节的超参数有很多，但是基础决策树的数量和深度无疑是最重要的超参数。其次，要基于数据情况进行超参数范围的调整，如当你的数据量很少，你应当调整超参数让模型更加简单。最后，要基于模型训练程度进行超参数范围的调整，如果现在你的 LASSO 模型正处于过拟合状态，应当减少惩罚项超参数，以获得更简单的模型。一般来说，机器学习超参数的调节有两种常用方法：网格搜索与随机搜索。

网格搜索是指把需要调节的所有超参数取值全部列举出来，把所有的组合结果生成“网格”，然后用穷举法把所有网格中的超参数全部测试一遍，记录并查看全部超参数的测试结果，最后在其中选取最好的一组超参数。

- 核心实现代码解析

```python
sklearn.model_selection.GridSearchCV(estimator, param_grid, *,
```

scoring = None, n_jobs = None, refit = True, cv = None, verbose = 0, pre_dispatch = '2*n_jobs', error_score = nan, return_train_score = False```

核心参数解析：

estimator：机器学习模型，并且传入除需要网格搜索来确定的超参数之外的其他超参数。

param_grid：需要网格搜索来确定的超参数取值，值为字典或者列表。

scoring＝None：评价模型好坏的指标，如均方误差（MSE）、R^2 等。

cv：进行 k 折的次数。

n_jobs：网格搜索时调用的 CPU（中央处理器）进程个数，默认为 1。若值为－1，则用所有的 CPU 进行运算。

refit：默认为 True，程序将会以交叉验证训练集获得的所有最佳超参数，并用这个超参数重新对所有可用的训练集与验证集拟合一次模型。

verbose：日志冗长度。当取值为 0 时，代表不输出超参数训练的过程。

pre_dispatch：指定总共分发的并行任务数。当 n_jobs 大于 1 时，模型训练数据将在每个并行运算任务上复制 n_jobs，当训练数据很大，且计算机内存不够时，很容易导致内存溢出的问题发生，而设置 pre_dispatch 参数，则可以限定使数据最多被复制 pre_dispatch 次。

return_train_score：是否返回训练集上的模型评估结果，前面有提到训练集的评估结果和验证集上的评估结果有助于判断模型目前处于过拟合状态还是处于欠拟合状态。

显然，对于相对简单且超参数个数较少的模型（比如 pca、pls、LASSO 等），那么我们可以很容易采用网格搜索的方法确定超参数。但是当超参数个数比较多的时候，仍然采用网格搜索，那么搜索所需时间将会指数级上升。对于这种情况，可以选择使用随机搜索的方法。随机搜索是指在不全部遍历所有人为给定的超参数组合，而是在超参数组合可能的取值空间中，有限随机抽取不同的若

干个超参数组合，记录下不同超参数组合的验证集结果，从而确定最后的超参数取值。随机搜索超参数方法有两个优点：①可以指定超参数的搜索次数，大大降低需要遍历所有人为给定的超参数组合的时间；②对于某些超参数取连续变量时，随机搜索会将其当作一个分布进行采样测试，而网格搜索只能测试给定的取值。尽管随机搜索有各种优点，但是随机搜索超参数因为随机的问题，当尝试次数不够多时，很可能找不到最优的参数。

- 核心实现代码解析

```python
sklearn.model_selection.RandomizedSearchCV(estimator, param_distributions,*,n_iter=10, scoring=None, n_jobs=None, refit=True, cv=None, verbose=0, pre_dispatch='2*n_jobs', random_state=None, error_score=nan, return_train_score=False)
```

核心参数解析：

estimator：机器学习模型，并且传入除需要网格搜索来确定的超参数之外的其他超参数。

param_distributions：需要网格搜索来确定的超参数取值的分布。

n_iter：随机搜索超参数尝试的次数。

scoring=None：评价模型好坏的指标，例如均方误差（MSE）、R^2 等。

cv：进行 k 折的次数。

n_jobs：网格搜索时调用的 CPU 进程个数，默认为 1。若值为 −1，则用所有的 CPU 进行运算。

refit：默认为 True，程序将会以交叉验证训练集获得的所有最佳超参数，并用这个超参数重新对所有可用的训练集与验证集拟合一次模型。

verbose：日志冗长度。当取值为 0 时，代表不输出超参数训练的过程。

pre_dispatch：指定总共分发的并行任务数。当 n_jobs 大于 1 时，模型训练数据将在每个并行运算任务上复制 n_jobs，当训练数据很大，且计算机内存不够时，很容易导致内存溢出的问题发生，而设置 pre_dispatch 参数，则可以限定使数据最多被复制 pre_dispatch 次。

return_train_score：是否返回训练集上的模型评估结果，前面有提到训练集的评估结果和验证集上的评估结果有助于判断模型目前处于过拟合状态还是处于欠拟合状态。

random_state：随机数的种子，在需要重复试验或者是想让别人一模一样复现你的结果时，可以设置随机数种子，确保其他参数一样的情况下得到的随机划分结果是一样的。

第四章

机器学习模型 I： 线性模型

首先，我们从最简单的线性回归模型开始。尽管线性回归是最简单的模型，但是其背后的原理和思想非常丰富。

第一节　多元线性模型

一、计量经济学视角下的线性模型

传统的计量经济学预测方法基于最小二乘回归模型，它假设被解释变量和解释变量之间是线性关系，并最小化误差的平方和寻找数据的最优回归系数。在满足若干条件的情况下，OLS 估计量的样本内估计是具有无偏性和一致性的。以股票市场收益率预测问题为例，传统计量经济学是基于历史经验的股票特征和预期收益率数据，构建不同的算法模型拟合股票特征和预期收益率之间的对应关系，使得通过股票特征进行收益率预测值与实际预期收益率之间的误差平方和尽可能小。我们可以用以下线性方程来代表：

$$y_i = \beta_1 x_{i,1} + \beta_2 x_{i,2} + \cdots + \beta_k x_{i,k} + \cdots + \beta_K x_{i,K} + \grave{o}_i \quad (4\text{-}1)$$

其中，解释变量 $x_{i,k}$ 的第一个下标代表第 $i(i=1,\cdots,I)$ 个样本（观察样本总数为 I），第二个下标代表该样本的第 $k(i=1,\cdots,K)$ 个解释变量（样本共计 K 个特征）。如果模型需要有常数项，则可以令第一个解释变量为单位向量，即 $\beta_1 x_{i,1} \equiv 1, \forall i$。$\grave{o}_i$ 为模型的随机扰动项。y_i 代表第 $i(i=1,\cdots,I)$ 个样本（观察样本总数为 I）的被解释变量。$\beta_1,\cdots,\beta_K$ 为待估计的参数，计量经济学中称之为回归系数。

回归系数是计量经济学的核心，β_k 的数值代表着第 k 个解释变量对被解释变量的边际影响 $\beta_k = \dfrac{\partial E(y_i)}{\partial x_{i,k}}$，也就是意味着如果 $x_{i,k}$ 增加一个单位，平均而言 $E(y_i)$ 也将变化 β_k 个单位。

如果定义第 i 个样本的 $1\times k$ 列特征向量记成 $\boldsymbol{x}_i$，定义第 i 个样本的拟合误差（即残差）为：$e_i = y_i - \boldsymbol{x}_i\hat{\beta}$，最小二乘法的目标是要寻找能够使得残差平方和（residual sum of square，RSS）$\sum\limits_{i=1}^{n} e_i^2$ 最小的 $\hat{\beta}$，

即将 OLS 模型的损失函数定义为 $\boldsymbol{L}(\beta)=\sum_{i=1}^{n}(y_i-\boldsymbol{x}_i\beta)^2$（欧式距离，也称为 L2 范数损失函数）来定义预测值与真实值之间的距离，通过寻找最优的 $\hat{\beta}$，使得其误差最小：

$$\begin{aligned}\arg\min_{(\hat{\beta})}\boldsymbol{L}(\hat{\beta})&=\arg\min_{(\hat{\beta})}\sum_{i=1}^{I}(y_i-f(x_i))^2\\&=\arg\min_{(\hat{\beta})}\sum_{i=1}^{I}(y_i-\boldsymbol{x}_i\hat{\beta})^2\end{aligned}\tag{4-2}$$

为了获得 $\hat{\beta}$，直接可以使用 sklearn 写好的封装函数。

- 核心实现代码解析

```python
sklearn.linear_model.LinearRegression(fit_intercept = True,normalize = False,copy_X = True,n_jobs = 1)
```

参数解析：

fit_intercept：默认 True，是否计算模型的常数项，为 False 时，使用无常数项模型。

normalize：默认 False，是否对数据进行标准化（normalization）处理。

copy_X：默认 True，复制一份数据，选 False 会导致原始数据被覆盖。

n_jobs：默认为 1，表示使用 CPU 的个数，当其为 −1 时，代表使用全部 CPU。

二、矩阵视角下的线性回归

我们把上面的数据用矩阵表示：

$$\begin{bmatrix}y_1\\y_2\\\vdots\\y_I\end{bmatrix}=\begin{bmatrix}x_{11}&x_{12}&x_{13}&\cdots&x_{1K}\\x_{21}&x_{22}&x_{23}&\cdots&x_{2K}\\&&\vdots&&\\x_{I1}&x_{I2}&x_{I3}&\cdots&x_{IK}\end{bmatrix}\times\begin{bmatrix}\beta_1\\\beta_2\\\vdots\\\beta_K\end{bmatrix}+\begin{bmatrix}\varepsilon_1\\\varepsilon_2\\\vdots\\\varepsilon_I\end{bmatrix}\tag{4-3}$$

把上述大矩阵简化写成以下矩阵方程式：$\boldsymbol{y}=\boldsymbol{X\beta}+\boldsymbol{\varepsilon}$，为了得到向量参数$\boldsymbol{\beta}$，需要找到最佳的$\hat{\boldsymbol{\beta}}$，使得基于$\hat{\boldsymbol{\beta}}$获得的预测结果$\hat{\boldsymbol{y}}=\boldsymbol{X}\hat{\boldsymbol{\beta}}$尽可能地与$\boldsymbol{y}$接近。如果我们用欧式距离来正式定义两者的差距，希望能够有：$\min_{\boldsymbol{\beta}}\|\boldsymbol{y}-\hat{\boldsymbol{y}}\|_2^2$，即我们可以将OLS模型用以下矩阵方程来表示：$\min_{\boldsymbol{\beta}}\|\boldsymbol{y}-\boldsymbol{X\beta}\|_2^2$，根据矩阵推导运算，可以获得$\boldsymbol{\beta}$的解析解等于$\boldsymbol{\beta}=(\boldsymbol{X}^{\mathrm{T}}\boldsymbol{X})^{-1}\boldsymbol{X}^{\mathrm{T}}\boldsymbol{y}$。

- 核心实现代码解析

通过numpy库可以很容易实现对以上矩阵计算的实现，代码结果会与sklearn的结果一致。

```python

def get_ols_beta(x,y):
    '''
    Docstring:
    基于矩阵解析解获得ols估计系数/beta的函数β̂ = (XᵀX)⁻¹Xᵀy
    Parameters
    ----------
    x : I * K array,I行K列的样本特征矩阵。
    y : I * 1 array,I行样本标签矩阵。
    Returns
    -------
    beta: OLS的估计系数。
    '''
    m = np.linalg.inv(np.dot(np.transpose(x),x))
    beta = np.dot(np.dot(m,np.transpose(x)),y)
    return beta
```

三、其他类型的损失函数

此外，由于金融学的股票收益率和预测变量经常呈现出厚尾分布的特征，方程(4-2)引入平方项(欧式距离)来定义损失函数，会导致样本的异常值大大影响 OLS 估计的稳健性。因此我们考虑引入 Huber 损失函数来替代传统的 L2 损失函数，Huber 损失函数的定义如方程(4-4)所示(Huber，1992)：

$$\boldsymbol{L}(\beta)=\sum_{i=1}^{n}\boldsymbol{H}((y_i-\boldsymbol{x}_i\beta),\gamma) \tag{4-4}$$

其中：

$$H(x,\gamma)=\begin{cases} x^2, & |x|\leqslant\gamma \\ 2\gamma|x|-\gamma^2, & |x|>\gamma \end{cases}$$

Huber 损失函数通过引入超参数 γ 来调节损失函数的拟合情况，当模型拟合常规值时，模型依然使用 L2 损失函数；而当模型拟合异常值时，改为使用更加稳健的 L1 损失函数。通过这种方法来解决面临异常值过多导致 OLS 估计结果不稳定的问题。

第二节 带惩罚项的线性模型

当高维数据、解释变量之间存在相关性等问题时，传统的 OLS 在预测问题上的表现就更加让人无法满意了。为了解决上述问题，各种改良 OLS 的机器学习算法产生了。带惩罚项的线性模型就是通过加入惩罚项来降低变量过多导致方程(4-2)出现过拟合问题的第一种解决思路。方程(4-5)表示带惩罚项的线性模型的损失函数，在原方程(4-4)中损失函数上额外添加的 $\phi(\beta;\lambda)$ 为惩罚项，其中 λ 为需要调节的超参数。如方程(4-5)所示，不同的惩罚项设定代表不同的机器学习算法，当惩罚项为 L1 范数时，该算法为套索回归(LASSO)；当惩罚项为 L2 范数时，该算法为岭回归(Ridge)；当惩罚项为 L1 和 L2 范数综合时，该算法为弹性网络(ElasticNet，Enet)模型。以下为三种最常见的带惩罚项的线性回归模型：

$$\mathcal{L}(\beta;\cdot)=\underbrace{\mathcal{L}(\beta)}_{\text{Loss Function}}+\underbrace{\phi(\beta;\lambda)}_{\text{Penalty}} \tag{4-5}$$

$$\phi(\beta;\lambda)=\begin{cases}\frac{1}{2}\lambda\sum_{k=1}^{K}\beta_k^2, & \text{Ridge}\\ \lambda\sum_{k=1}^{K}|\beta_k|, & \text{LASSO}\\ \lambda(1-\rho)\sum_{k=1}^{K}|\beta_k|+\frac{1}{2}\lambda\rho\sum_{k=1}^{K}\beta_k^2, & \text{ElasticNet}\end{cases}$$

其中，λ 和 ρ 是要人为确定的超参数，下面本书将详细对 3 个模型进行介绍。

一、岭回归

岭回归最早被提出是为了解决 OLS 在面临多重共线性问题时无解的情况，前面在推导 OLS 解析解时，我们知道 $\hat{\boldsymbol{\beta}}=(\boldsymbol{X}^{\mathrm{T}}\boldsymbol{X})^{-1}\boldsymbol{X}^{\mathrm{T}}\boldsymbol{y}$，在这个解中 $(\boldsymbol{X}^{\mathrm{T}}\boldsymbol{X})^{-1}$ 有一个求解矩阵逆的操作，这要求矩阵 $(\boldsymbol{X}^{\mathrm{T}}\boldsymbol{X})$ 是满秩的，如果样本中有两个特征非常像，相关性非常高，就会导致该矩阵不满秩，出现 OLS 无解的情况。为了解决这个问题，可以通过在原来 OLS 的损失函数上添加 L2 惩罚项来实现，岭回归的损失函数可以表达为：$\min\limits_{\boldsymbol{\beta}}\|\boldsymbol{y}-\boldsymbol{X\beta}\|_2^2+\gamma\|\beta\|_2^2$，其中 γ 是人为给定的超参数。通过简单的线性推导就可以获得 $\boldsymbol{\beta}$ 的解析解等于 $\boldsymbol{\beta}=(\boldsymbol{X}^{\mathrm{T}}\boldsymbol{X}+\gamma\boldsymbol{I})^{-1}\boldsymbol{X}^{\mathrm{T}}\boldsymbol{y}$。

从岭回归解析解的形式能够看到，当我们选定惩罚项超参数 γ 为 0 时，岭回归完全等价于 OLS 回归，而当 γ 不为 0 时，可以很容易使得 $(\boldsymbol{X}^{\mathrm{T}}\boldsymbol{X}+\gamma\boldsymbol{I})$ 可逆，从而解决 OLS 在出现多重共线性问题下无解的情况。

- 核心实现代码解析

```python
sklearn.linear_model.Ridge(alpha = 1.0, *, fit_intercept = True, normalize = False, copy_X = True, max_iter = None, tol = 0.001, solver = 'auto', random_state = None)
```

参数解析：

alpha：惩罚项系数，对应前面部分提到的惩罚项超参数 γ。

fit_intercept：默认 True，是否计算模型的常数项，为 False 时，使用无常数项模型。

normalize：默认 False，是否对数据进行标准化处理。

copy_X：默认 True，复制一份数据，选 False 会导致原始数据被覆盖。

random_state：随机数的种子，在需要重复试验或者是想让别人一模一样复现你的结果时，可以设置随机数种子，确保其他参数一样的情况下得到的随机划分结果是一样的。

二、LASSO

LASSO 全称为最小绝对收缩和选择算子（least absolute shrinkage and selection operator），一般将其简称 LASSO。与前面岭回归不同之处在于，岭回归在原来 OLS 的损失函数上添加的是 L2 惩罚项，而 LASSO 添加的是 L1 惩罚项，LASSO 的损失函数可以表达为：$\min\limits_{\boldsymbol{\beta}} \| \boldsymbol{y} - \boldsymbol{X\beta} \|_2^2 + \gamma \| \beta \|_1$，其中 γ 是人为给定的超参数。由于 LASSO 的 L1 惩罚项无法直接求导，因此 LASSO 算法无法直接给出矩阵格式的解析解，一般需要用梯度下降（后面神经网络模型部分再进行讲解）或者最小角回归（least angle regression）法。

- 核心实现代码解析

```python
sklearn.linear_model.Lasso(alpha = 1.0, *, fit_intercept = True, normalize = False, precompute = False, copy_X = True, max_iter = 1000, tol = 0.0001, warm_start = False, positive = False, random_state = None, selection = 'cyclic')
```

参数解析：

alpha：惩罚项系数，对应前面部分提到的惩罚项超参数 γ。

fit_intercept：默认 True，是否计算模型的常数项，为 False 时，

使用无常数项模型。

normalize：默认 False，是否对数据进行标准化处理。

copy_X：默认 True，复制一份数据，选 False 会导致原始数据被覆盖。

random_state：随机数的种子，在需要重复试验或者是想让别人一模一样复现你的结果时，可以设置随机数种子，确保其他参数一样的情况下得到的随机划分结果是一样的。

max_iter：最大迭代尝试次数。

tol：要求每次迭代尝试后损失函数下降最小单位，如果某次迭代尝试后损失函数下降数字小于该值，则迭代停止。

positive：默认 False，是否严格要求估计系数为正。

三、岭回归和 LASSO 的几何意义

那么为什么分别引入 L1 正则化和 L2 正则化？Ridge 和 LASSO 两种算法各有什么特点和区别呢？可以从几何图形上直观地解释说明两个算法的特性。

将前面岭回归的带惩罚项的损失函数改写成约束形式，即岭回归需要在 β 被约束在半径为 t 的球面条件下，求解 OLS 问题：

$$\hat{\beta}=\underset{\beta}{\arg\min}\|\boldsymbol{y}-\boldsymbol{X}\beta\|_2^2,$$
$$\text{s.t.}\quad \|\beta\|_2^2\leqslant t \tag{4-6}$$

将前面 LASSO 的带惩罚项的损失函数改写成约束形式，即 LASSO 需要在 β 被约束在半径为 t 的菱形条件下，求解 OLS 问题：

$$\hat{\beta}=\underset{\beta}{\arg\min}\|\boldsymbol{y}-\boldsymbol{X}\beta\|_2^2,$$
$$\text{s.t.}\quad \|\beta\|_1\leqslant t \tag{4-7}$$

图 4-1 以简单的二维特征为例，展示了岭回归和 LASSO 两种算法的几何意义，其中图 4-1(a)为岭回归，图 4-1(b)为 LASSO。两个图形中 $\hat{\beta}$ 代表着 OLS 的估计量，而周围的圆圈则是损失函数的等高线，即在同一个圈上的模型损失误差是相同的。以 O 为中心的圆

形和菱形分别代表岭回归和 LASSO 估计量需要在图形范围内才能满足约束条件。所以等高线与图像相切的点就是既满足约束条件又使得损失函数最小的 $\hat{\beta}$ 取值。观测能够发现，岭回归的取值会倾向于在两个特征变量之间，而 LASSO 则倾向于在两个变量中只保留一个相关特征，另外一个特征系数取值为 0。这也就意味着，当数据集特征之间存在多重共线性问题的时候，如果有两个特征高度相关，那么岭回归的估计结果是会在两个相关特征之间均匀分布权重，而 LASSO 的估计结果只保留一个变量，另外一个变量直接丢弃（系数为 0）。由于 LASSO 的这种特性，在各种高维问题中，LASSO 也常常被当成变量选择的工具，它能够在很多变量之间做对比，并且只保留与特征更相关的特征变量，识别并剔除那些弱相关的噪声变量。

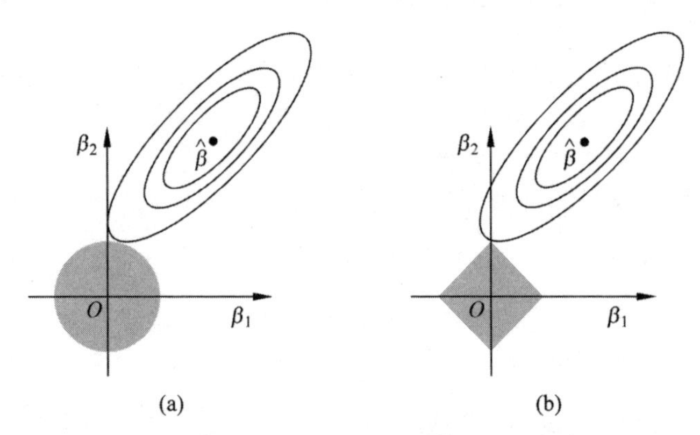

图 4-1　岭回归和 LASSO 两种算法的几何意义

（a）岭回归；（b）LASSO

四、弹性网络

把前面的岭回归和 LASSO 的 L1 惩罚项和 L2 惩罚项结合起来，就有了弹性网络。弹性网络的损失函数可以表达为：$\min_{\boldsymbol{\beta}} \| \boldsymbol{y}-\boldsymbol{X\beta} \|_2^2+\frac{\gamma(1-\rho)}{2}\|\beta\|_2^2+\gamma\rho\|\beta\|_1$，其中 γ 和 ρ 都是需要人为确定的超参

数，分别代表惩罚项的大小和损失函数更偏向于L1还是更偏向于L2。从损失函数上能够直观看到，当ρ取值为0时，弹性网络等价于岭回归，当ρ取值为1时，弹性网络等价于LASSO；当ρ取值非0和1时，弹性网络模型可以看成岭回归和LASSO的折中版本，既可以保留LASSO的降维特点，又能保留岭回归惩罚特征。

• 核心实现代码解析

```python
sklearn.linear_model.ElasticNet(alpha = 1.0, *, l1_ratio = 0.5, fit_intercept = True, normalize = False, precompute = False, max_iter = 1000, copy_X = True, tol = 0.0001, warm_start = False, positive = False, random_state = None, selection = 'cyclic')
```

参数解析：

alpha：惩罚项系数，对应前面部分提到的惩罚项超参数γ。

l1_ratio：使用L1惩罚项的比例，对应前面部分提到的惩罚项超参数ρ，当取值为0时，弹性网络等价于岭回归；当取值为1时，弹性网络等价于LASSO。

fit_intercept：默认True，是否计算模型的常数项，为False时，使用无常数项模型。

normalize：默认False，是否对数据进行标准化处理。

copy_X：默认True，复制一份数据，选False会导致原始数据被覆盖。

random_state：随机数的种子，在需要重复试验或者是想让别人一模一样复现你的结果时，可以设置随机数种子，确保其他参数一样的情况下得到的随机划分结果是一样的。

max_iter：最大迭代尝试次数。

tol：要求每次迭代尝试后损失函数下降最小单位，如果某次迭代尝试后损失函数下降数字小于该值，则迭代停止。

positive：默认False，是否严格要求估计系数为正。

第三节 降维视角的线性模型

一、主成分分析

主成分分析是统计学中一种常用的压缩信息降维的方法，在金融学中也常常被使用。其原理是设法将原来的变量重新组合成一组新的相互无关的几个综合变量，同时根据实际需要从中可以取出几个较少的总和变量，尽可能多地反映原来变量的信息。PCA 方法要达到的目标是想办法找到一个合适的超平面，使得原样本点在新的平面上的投影方差最大。第 i 个样本 $\boldsymbol{x}_i$ 在平面上的线性投影为 $\boldsymbol{W}^{\mathrm{T}}\boldsymbol{x}_i$，PCA 方法的优化目标可以写成

$$\begin{aligned}&\max_{\boldsymbol{W}} \operatorname{Var}(\boldsymbol{XW})\\&\text{s.t. } \boldsymbol{W}^{\mathrm{T}}\boldsymbol{W}=\boldsymbol{I}\end{aligned} \tag{4-8}$$

通过特征值分解的方法可以很容易完成 PCA 方法的求解，这里不再详细展开说明。

- 核心实现代码解析

```python
sklearn.decomposition.PCA(n_components = None, * , copy = True, whiten = False, svd_solver = 'auto', tol = 0.0, iterated_power = 'auto', random_state = None)
```

参数解析：

n_components：降维后需要保留的特征数量，是 PCA 最重要的一个超参数。

copy：默认 True，复制一份数据，选 False 会导致原始数据被覆盖。

svd_solver：是在降维过程中，用来控制矩阵分解的一些细节的参数，由于特征值分解的矩阵运算量非常庞大，当数据集很大的时候，可以通过调节这个参数来加快速度。

random_state：随机数的种子，在需要重复试验或者是想让别人一模一样复现你的结果时，可以设置随机数种子，确保其他参数一样的情况下得到的随机划分结果是一样的。

PCA 方法存在三个问题：①PCA 方法可解释性比较差。PCA 方法在压缩降维之后生成的新的特征不属于原来的任何一个特征，这些新的特征代表什么含义是无法知道的。在金融学领域中，我们常常需要考虑变量的经济学含义和模型的可解释性，而 PCA 方法会让模型的含义变得更加模糊。②PCA 方法是线性降维算法，无法处理一些非线性的情况。③PCA 方法没有用到预测标签的信息。PCA 方法会保留方差最大的信息，没有根据要预测的标签变量去保留信息，而金融数据的信噪比太低，保留方差最大信息的同时也会同时保留很多噪声信息。

主成分回归是先基于上面的方法对预测特征 K 进行降维，然后再构建 OLS 方法进行估计，这种方法能够通过降低数据维度来提高模型样本外估计的准确性。当选择主成分特征保留 1 个时，主成分回归会使用最能代表被解释变量的主成分信息来估计模型，而当 PCA 保留原本的全部 K 个维度时，主成分回归会保留所有被解释变量的信息，此时模型的估计与 OLS 的估计结果一致。

二、最小偏二乘回归

为了解决前面 PCA 方法没有用到预测标签的信息的问题，最小偏二乘回归（partial least squares regression，PLS）在压缩信息的同时考虑压缩信息与被解释变量之间的相关性，以保证在压缩信息时更多地保留那些与被解释变量相关的信息（Kelly et al. ，2015），PLS 算法的优化目标可以写成

$$\max_{\boldsymbol{W}} \mathrm{Cov}^2(\boldsymbol{Y},\boldsymbol{XW})$$

$$\text{s. t. } \boldsymbol{W}^{\mathrm{T}}\boldsymbol{W}=\mathbf{I} \tag{4-9}$$

- 核心实现代码解析

```python
```

```
sklearn.cross_decomposition.PLSRegression(n_components = 2, * , scale = True,max_iter = 500,tol = 1e-06,copy = True)
```

参数解析：

n_components：降维后需要保留的特征数量，是 PLS 最重要的一个超参数。

scale：是否需要对数据进行标准化处理。

copy：默认 True，复制一份数据，选 False 会导致原始数据被覆盖。

三、降维模型的算法与带惩罚项线性模型的比较

降维模型的算法原理与前面介绍的带惩罚项线性模型存在较大的差别，因此两者发挥作用的方式也不同。带惩罚项线性模型的工作原理是尽可能在众多变量中将某些变量的系数压缩成 0，通过限制单个不重要变量的系数来达到信息提纯的效果。而在降维模型中，算法是通过将众多变量的共同信息进行压缩，尽可能地在最大程度上保留变量的信息。在一个极端例子中，如果影响被解释变量的因素有很多，这些变量互相之间都存在高度相关关系，并且每个变量对被解释变量的影响程度都是同等重要的。在这种情况下，如果通过带惩罚项线性模型去训练模型，那么结果只能是模型随机地保留某几个变量的信息（因为每个变量都是同等重要的）。而在这种情况下，通过降维模型的算法是能够在最大程度上保留众多变量之间共同的信息的，降维模型的算法会优于带惩罚项线性模型。在另外一个极端的例子中，如果影响被解释变量的因素很多，但是仅仅有少数几个变量对于被解释变量影响程度是最大的，而其他变量蕴含的噪声比例都非常大，对被解释变量的影响程度其实非常小。这种情况下，通过带惩罚项线性模型去训练模型，那么结果是能够有效地找出那些真正对于被解释变量影响较大的变量，而直接丢弃其他噪声信息。相反，这种情况下，如果使用降维模型的算法，很可能在最大程度上保留众多变量之间共同的信息会是噪声信息，降维模型的算法的表现不一定会优于带惩罚项线性模型。

第五章

机器学习模型Ⅱ：回归树模型

当特征与标签之间存在非常线性关系时，前面介绍的线性模型就不能很好地拟合样本，导致训练结果的偏差很大。回归树(regression trees)模型目前是机器学习算法中比较常用的捕获变量交互效应的非线性模型。在前面偏差和方差的权衡中介绍了，如果选择低偏差的模型，往往会面临高方差的问题。因此，使用单个回归树模型往往容易出现过拟合的问题，此时衍生出了两种集成学习[①](ensemble learning)方式来改善：装袋法(bagging)和提升法(boosting)，分别对应随机森林和梯度提升树模型。

第一节 回归树

一、回归树构建

回归树[②]可理解为由很多条件组成的分段函数，也可理解成 if then 规则的集合。下面用一个案例对回归树模型进行详细解释。假设某期已观测到 A-H 证券的特征(市值和贝塔值)与标签(未来收益率)如表 5-1 所示。目前的目标是要构建回归树模型，从而预测出未知样本 X_1 和 X_2 的未来收益率是多少。

回归树的本质是从训练集样本中归纳出一组分类规则，使得训练样本按照该规则分类后预测误差最小。回归树实际上是考虑如何将空间用超平面进行划分的一种方法，每次分割的时候，都将当前

---

① 单独的机器学习模型往往表现会不太稳定，通过在数据上构建多个模型，集成所有模型的建模结果称为集成学习。装袋法的集成思想是平行地随机构建多个相互独立的模型，最后把这些模型的预测结果进行平均，从而获得最后的模型结果。提升法的集成思想是先构建一个简单的模型，在此基础上后续对简单模型进行不断的强化，提升简单模型在预测能力弱样本上的结果。

② 回归树和决策树(decision tree)模型原理非常类似，只是两者的预测目标不同，回归树是要解决连续变量预测的回归问题，而决策树要解决的则是类别变量的分类问题。

表 5-1　虚拟股票样本案例

证券代码	市值	贝塔值	未来收益率/%
已知样本(训练集)			
A	10	1	−7
B	9	1.1	−8
C	8	1.3	−7
D	7	1.2	−8
E	1	1.2	1
F	2	1.3	2
G	3	0.6	9
H	4	0.5	10
未知样本(测试集)			
X_1	5	0.4	?
X_2	11	0.8	?

注：数据为作者模拟股票样本数据得到。

的空间一分为二，这样使得每一个叶子节点都是在空间中的一个不相交的区域,在进行决策的时候,会根据输入样本每一维特征的值,一步一步往下,最后使得样本落入 N 个区域中的一个。因此,可以用以下伪代码来描述回归树是如何根据特征和数据来构建模型的流程：

```
对每个特征:
    对该特征中的每个特征值:
        将数据集基于当前特征值切分成两份: 小于该特征值的数据样本放在左子树,大于该特征值放在右子树
        用子树样本标签的平均值作为预测标签,计算切分后的误差
        如果当前误差小于当前最小误差,那么将当前切分设定为最佳切分并更新最小误差
返回最佳切分的特征和阈值
```

将上面的算法逻辑运用在表 5-1 给出的案例中,能够获得以下回归树模型(图 5-1)。模型首先会先根据证券规模的特征值进行分

类，规模大于 4 的样本被分到了左边这一类，这个类被称为“叶节点”(leaf node)，这个叶节点共有 A、B、C、D 4 个样本，4 个样本标签的均值为−7.5%。规模小于(等于)4 的样本被分到了左边，接下来进入第二个特征变量贝塔值，根据第二特征变量来划分的节点也被称为决策树的“内部节点”(internal node)。进一步根据证券的贝塔值是否大于 0.6，样本被分成了叶节点 2(共有 E 和 F 两个样本，预测收益率为 1.5%)和叶节点 3(共有 G 和 H 两个样本，预测收益率为 9.5%)。

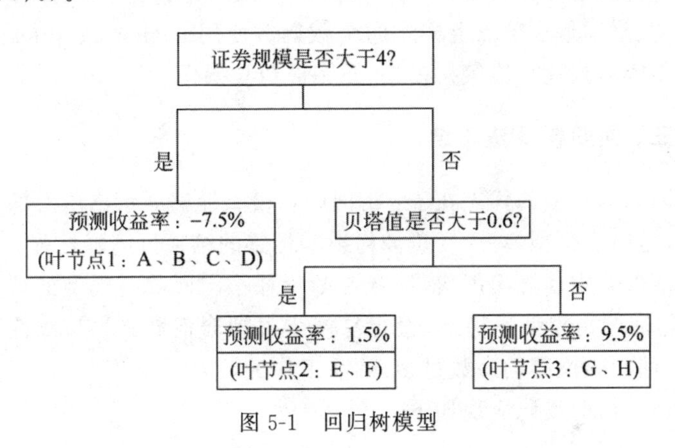

图 5-1　回归树模型

前面提到，回归树类似于分段函数，也可以用分段函数式(5-1)的形式来描述上面的回归树模型：

$$f(x)=\begin{cases}-7.5\%, & \text{规模}>4\\ 1.5\%, & \text{规模}\leqslant 4\text{ 且贝塔值}>0.6\\ 9.5\%, & \text{规模}\leqslant 4\text{ 且贝塔值}\leqslant 0.6\end{cases} \tag{5-1}$$

根据上面的回归树模型，X_1 和 X_2 的规模都大于 4，因此会被划分到子节点 1 中，对这两个证券未来的预期收益率为−7.5%。

二、回归树的剪枝

回归树的算法逻辑决定了这个模型是天生非常容易的过拟合的模型。想象一下，在前面的案例中，如果我们不对回归树的算法逻辑加限制，回归树最优的情况下，肯定最后会出现和样本数量一样多的节点，也就是每一个样本都视为一类，这种情况下整个样本的训练误差甚至可以为0。但是，这样建立好的模型中，并没有对样本数据进行任何的规律总结，仅仅是把每个样本按照其具体的特征取值进行了分类整理而已，这样的模型显然只能对训练集样本中出现过的数据做良好的预测，而对于新的数据集无法做到有效预测，这样就发生前面说的过拟合问题。通过降低回归树的复杂度来避免过拟合的过程称为剪枝(pruning)。剪枝的方法有很多，如限制树的深度、限制最小节点上样本的个数等。使用 python 的 sklearn 库可以很容易构建出决策树模型，并完成剪枝操作。

三、回归树算法总结

回归树模型的优点在于：①回归树模型能够展示出所有的模型细节，是白盒模型，对于变量如何影响标签的结果可解释性强；②在非线性模型中计算速度快，计算资源消耗小。回归树模型的缺点在于：①回归树模型不稳定，很容易产生过拟合问题；②与线性模型相比，回归树模型的参数过多，调参工作量较大。

回归树的代码实现如下。

- 核心实现代码解析

```python
sklearn.tree.DecisionTreeRegressor(*,criterion = 'mse',splitter = 'best',max_depth = None,min_samples_split = 2,min_samples_leaf = 1,min_weight_fraction_leaf = 0.0,max_features = None,random_state = None,max_leaf_nodes = None,min_impurity_decrease = 0.0,min_impurity_split = None,ccp_alpha = 0.0)
```

参数解析：

(1) 决定树生长的超参数。

criterion：回归树代码需要根据不同切分节点之后的误差来选择最优的分裂节点，这个参数就是选择用什么作为预测误差的衡量指标。默认使用 mse，也就是均方误差；也可以使用 mae，也就是绝对值误差的平均。

splitter：决定回归树在分裂时如何选择特征。默认使用 best，回归树会在所有特征中，选择所有特征中误差下降最大的特征作为最优分裂节点；使用 random，回归树会先随机选择一部分特征，然后在这部分子特征中选择误差下降最大的特征作为最优分裂节点，在模型出现过拟合问题时可以考虑使用。

random_state：随机数的种子，在需要重复试验或者是想让别人一模一样复现你的结果时，可以设置随机数种子，确保其他参数一样的情况下得到的随机划分结果是一样的。

min_weight_fraction_leaf：限制回归树节点最小的样本权重和，默认样本为等权，如果样本有较大的类别差异，需要考虑调节这个参数。

(2) 剪枝的超参数。

max_depth：调节回归树的深度，超过设定深度的树结构全部剪掉。这是可以用来有效限制树过拟合的最重要的超参数之一，深度越深，模型越容易过拟合，可以考虑初始取值从 3～5 开始调节。

min_samples_split：调节回归树分裂成内部节点后的最小样本数，最小样本数越小，模型越容易过拟合。

min_samples_leaf：调节回归树分裂成叶节点后的最小样本数，最小样本数越小，模型越容易过拟合。

max_leaf_nodes：调节回归树的最大叶节点数，如果添加限制，模型会基于给定的最大叶子节点数来进行建模，允许的节点数越大，越容易过拟合。

max_features：调节回归树最大使用特征的个数，与深度剪枝防止过拟合的方式不同，限制使用特征的个数类似于手动对数据进行降维的过程，可用的特征越多，模型越容易过拟合。

min_impurity_decrease：调节树分裂的误差最小下降条件，如果某节点分裂的误差小于这个阈值，则该节点不再生成子节点，误差越小，越容易过拟合。

第二节 随机森林

一、随机森林的构建

随机森林实际上是基于一种装袋法思想的集成学习方法,它的本质是很多棵平行的回归树平均而成的结果。随机森林模型构建的流程如下:首先,用有放回的自助法(bootstrap)从训练集样本中进行随机抽样①,生成 m 个自助抽样形成的训练集;然后,对于每个自助抽样形成的训练集,构造一棵回归树(在构建回归树时,也可以不采用全部的特征变量信息,可以在特征中随机抽取一部分特征进行训练);以上流程重复 N 次,最后把 N 个独立训练好的回归树结果进行加权平均,从而获得最后的预测结果。由于装袋法将很多回归树的结果进行了平均,因此可以有效地避免单一回归树模型方差过高的问题,进而提供模型预测的稳定性。

二、随机森林的代码实现

- 核心实现代码解析

```python
sklearn.ensemble.RandomForestRegressor(n_estimators = 100,*, criterion = 'mse',max_depth = None,min_samples_split = 2,min_samples_leaf = 1, min_weight_fraction_leaf = 0.0,max_features = 'auto',max_leaf_nodes = None,min_impurity_decrease = 0.0,min_impurity_split = None,bootstrap = True,oob_score = False,n_jobs = None,random_state = None,verbose = 0,warm_start = False,ccp_alpha = 0.0,max_samples = None)
```

参数解析:

---

① 在这个抽样过程中,没有被抽到的样本,被称为袋外观测值(out-of-bag observations,OOB)。由于这部分信息在训练中并没有被使用,因此这些袋外观测值在训练随机森林样本中,可以起到类似于交叉验证中的验证集的作用。

(1) 控制随机森林构建的参数。

n_estimators：选择使用多少棵回归树来构建随机森林，一般来说，使用基础回归树越多，模型结果越稳健，预测结果越好，但是需要的计算资源和内存消耗也会越大。并且在达到一定的数量之后，即使再增加过多的基础回归树，随机森林的结果也不会受到太大的影响。通常建议将其设置为100。

bootstrap：是否使用有放回的自助法进行抽样，通常建议设置为True。

max_samples：使用自助法进行抽样时抽取的样本数量，默认为None，代表自助抽样后的训练集样本大小与原始训练集样本规模一样。

oob_score：是否采用袋外样本来评估模型的好坏。默认为False，但是推荐设置为True，前面有提到，袋外误差的得分类似于交叉验证的验证集得分，可以有效地反映模型拟合后的泛化能力。

(2) 控制基础回归树构建的参数。

criterion：回归树代码需要根据不同切分节点之后的误差来选择最优的分裂节点，这个参数就是选择用什么作为预测误差的衡量指标。默认使用mse，也就是均方误差；也可以使用mae，也就是绝对值误差的平均。

min_weight_fraction_leaf：限制回归树节点最小的样本权重和，默认样本为等权，如果样本有较大的类别差异，需要考虑调节这个参数。

max_depth：调节回归树的深度，超过设定深度的树结构全部剪掉。这是可以用来有效限制树过拟合的最重要的超参数之一，深度越深，模型越容易过拟合，可以考虑初始取值从3～5开始调节。

min_samples_split：调节回归树分裂成内部节点后的最小样本数，最小样本数越小，模型越容易过拟合。

min_samples_leaf：调节回归树分裂成叶节点后的最小样本数，最小样本数越小，模型越容易过拟合。

max_leaf_nodes：调节回归树的最大叶节点数，如果添加限制，模型会基于给定的最大叶子节点数来进行建模，允许的节点数越大，越容易过拟合。

max_features：调节回归树最大使用特征的个数，与深度剪枝防止过拟合的方式不同，限制使用特征的个数类似于手动对数据进行降维的过程，可用的特征越多，模型越容易过拟合，在随机森林模型中，一般不建议使用全部的样本特征，可以考虑只使用全部特征的 1/3 来构建模型。

min_impurity_decrease：调节树分裂的误差最小下降条件，如果某节点的分裂的误差小于这个阈值，则该节点不再生成子节点，误差越小，越容易过拟合。

(3) 控制训练过程类参数。

random_state：随机数的种子，在需要重复试验或者是想让别人一模一样复现你的结果时，可以设置随机数种子，确保其他参数一样的情况下得到的随机划分结果是一样的。

n_jobs：表示使用 CPU 的个数，默认为 1，当其为 −1 时，代表使用全部 CPU。

verbose：日志冗长度。当取值为 0 时，代表不输出超参数训练的过程。

第三节　梯度提升树

一、梯度提升树的构建

梯度提升树(gradient boosting regression tree，GBRT) 实际是一种提升法思想的集成学习方法，它的本质是很多棵回归树叠加而成的结果。梯度提升树模型构建的流程如下：第一，初始化模型将所有预测值设为 0，计算每个样本的残差(真实值与预测值之间)；第二，基于残差数据建立一棵浅的回归树模型，将回归树预测值加在初始模型上，并基于步长更新残差；第三，基于更新后的残差重复第二步操作 N 次；最后，将迭代 N 次之后的预测结果作为最终模型。

用更加正式的方式来定义 GBRT 模型，沿用前面线性模型中的设定，假设我们的目标是要找到最优的模型 $f^*(x)$，使得以下预测的损失函数 $L(y_i, f(x_i)) = \sum_{i=1}^{I} L(y_i, f(x_i))$ 最小，那么 GBRT 模型的构建一共分为三个步骤。

(1) 初始化一个弱的模型，如所有预测值为 0。

$$f^0(\cdot) = 0$$

(2) 循环迭代轮数 $t=1,2,\cdots,T$，每次循环进行以下运算。

① 对样本 $i(i=1,\cdots,I)$，计算第 t 轮的负梯度

$$r_i^t = -\left[\frac{\partial L(y_i, f(x_i))}{\partial f(x_i)}\right]_{f(x)=f^{t-1}(x)}$$

② 将第 t 轮的负梯度 r_i^t 作为新的预测标签，构建一棵回归树模型，第 t 棵回归树模型的叶子节点区域为 $R_j^t, j=1,2,\cdots,J$，j 为第 t 棵回归树模型的叶子节点个数。

③ 对各个叶子区域 j 分别计算回归树的最佳拟合值。

$$c_j^t = \underbrace{\operatorname{argmin}}_{c} \sum_{x_i \in R_j^t} L(y_i, f^{t-1}(x_i) + c)$$

④ 以步长 v 来更新学习器模型。

$$f^t(x) = f^{t-1}(x) + v\sum_{j=1}^{J} c_j^t I(x \in R_j^t)$$

(3) 得到最终的模型 $f^*(x)$表达式。

$$f^*(x) = f^T(x) = f^0(x) + \sum_{t=1}^{T} v \sum_{j=1}^{J} c_j^t I(x \in R_j^t)$$

二、梯度提升树的代码实现

• 核心实现代码解析

```python
sklearn.ensemble.GradientBoostingRegressor( * ,loss = 'ls',learning_rate = 0.1,n_estimators = 100,subsample = 1.0,criterion = 'friedman_mse',min_samples_split = 2,min_samples_leaf = 1,min_weight_fraction_leaf = 0.0,max_depth = 3,min_impurity_decrease = 0.0,min_impurity_split = None,
```

```
init = None, random_state = None, max_features = None, alpha = 0.9, verbose =
0, max_leaf_nodes = None, warm_start = False, validation_fraction = 0.1, n_
iter_no_change = None, tol = 0.0001, ccp_alpha = 0.0)
```

参数解析：

(1) 控制梯度提升树构建的参数。

loss：选择损失函数的定义方式，对应着上面的 $L(y_i, f(x_i)) = \sum_{i=1}^{I} L(y_i, f(x_i))$，默认'ls'，代表着选择使用均方误差作为损失函数，常用的还有'huber'，也就是前面介绍的 Huber 损失函数。

n_estimators：选择回归树迭代多少次，控制着对残差的学习速度，对应着上面的参数 T。一般来说，迭代次数太多模型容易过拟合，迭代次数太少模型容易欠拟合，默认是 100。在实际调参过程中，需要与下面的参数 learning_rate 来搭配使用。

learning_rate：调节残差的学习率，对应着上面的步长参数 v。对于同样的训练集拟合效果，较小的 v 意味着需要更多的迭代次数。

init：指定初始化的弱学习器，对应上面的 $f^0(\cdot)$，选择'zero'对应着前面的用全部为 0 的预测值模型作为初始模型，当有一些其他先验知识时，也可以手动指定。

alpha：这个参数只有当指定使用 Huber 损失函数时，才会使用，对应着 Huber 函数中超参数 γ，用来指定使用 L1 损失函数的比例，默认是 0.9，如果噪声点较多，可以适当降低这个分位数的值。

subsample：对样本进行子采样，需要提醒的是，这里的子采样和随机森林不一样，随机森林使用的是放回抽样，而这里是不放回抽样。如果取值为 1，则全部样本都使用，如果取值小于 1，则只有一部分样本会去做回归树拟合。

validation_fraction：在训练集中预留部分验证集，用于判断迭代是否需要提前停止，仅当 n_iter_no_change 参数设置后生效。

n_iter_no_change：当验证集的损失函数在 n_iter_no_change

次迭代后，下降幅度不满足阈值 tol 要求时，训练提前停止。

tol：训练提前停止的阈值条件，默认每次迭代后，验证集的损失函数下降幅度至少需要大于 1e-4。

（2）控制基础回归树构建的参数。

criterion：回归树代码需要根据不同切分节点之后的误差来选择最优的分裂节点，这个参数就是选择用什么作为预测误差的衡量指标。默认使用 mse，也就是均方误差；也可以使用 mae，也就是绝对值误差的平均。

min_weight_fraction_leaf：限制回归树节点最小的样本权重和，默认样本为等权，如果样本有较大的类别差异，需要考虑调节这个参数。

max_depth：调节回归树的深度，超过设定深度的树结构全部剪掉。这是可以用来有效限制树过拟合的最重要的超参数之一，深度越深，模型越容易过拟合，可以考虑初始取值从 3～5 开始调节。

min_samples_split：调节回归树分裂成内部节点后的最小样本数，最小样本数越小，模型越容易过拟合。

min_samples_leaf：调节回归树分裂成叶节点后的最小样本数，最小样本数越小，模型越容易过拟合。

max_leaf_nodes：调节回归树的最大叶节点数，如果添加限制，模型会基于给定的最大叶子节点数内来进行建模，允许的节点数越大，越容易过拟合。

max_features：调节回归树最大使用特征的个数，与深度剪枝防止过拟合的方式不同，限制使用特征的个数类似于手动对数据进行降维的过程，可用的特征越多，模型越容易过拟合，在随机森林模型中，一般不建议使用全部的样本特征，可以考虑只使用全部特征的 1/3 来构建模型。

min_impurity_decrease：调节树分裂的误差最小下降条件，如果某节点的分裂的误差小于这个阈值，则该节点不再生成子节点，误差越小，越容易过拟合。

(3) 控制训练过程类参数。

random_state：随机数的种子，在需要重复试验或者是想让别人一模一样复现你的结果时，可以设置随机数种子，确保其他参数一样的情况下得到的随机划分结果是一样的。

verbose：日志冗长度。当取值为 0 时，代表不输出超参数训练的过程。

第六章

机器学习模型Ⅲ： 神经网络模型

第一节　神经网络模型介绍

人工神经网络(artificial neural networks)模型是人们对生物神经系统进行研究,并把神经网络结构的相关思想应用于数学建模从而形成的深度学习模型,神经网络模型是目前最强大的非线性机器学习算法。下文将从最简单的全连接前馈神经网络模型开始介绍。

图 6-1 展示了线性回归模型和神经网络模型[①]的结构区别。在图 6-1(a)中,数据中共有 x_1、x_2、x_3 3 个特征矩阵,根据前面线性模型的定义,线性模型的目标是要构建以下模型获得 y 的预测值,$\hat{y}=\beta_1 x_1+\beta_2 x_2+\beta_3 x_3$,使得以下损失函数最小:

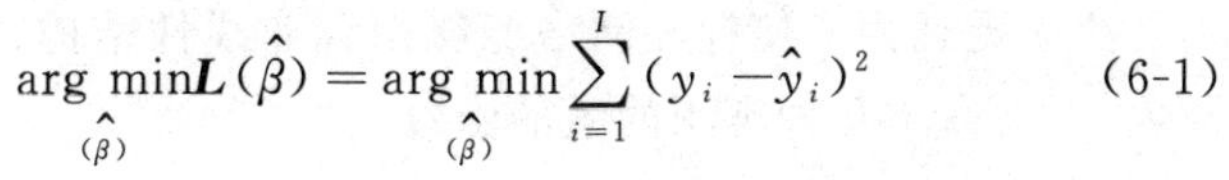

$$\arg\min_{(\hat{\beta})} \boldsymbol{L}(\hat{\beta}) = \arg\min_{(\hat{\beta})} \sum_{i=1}^{I} (y_i - \hat{y}_i)^2 \tag{6-1}$$

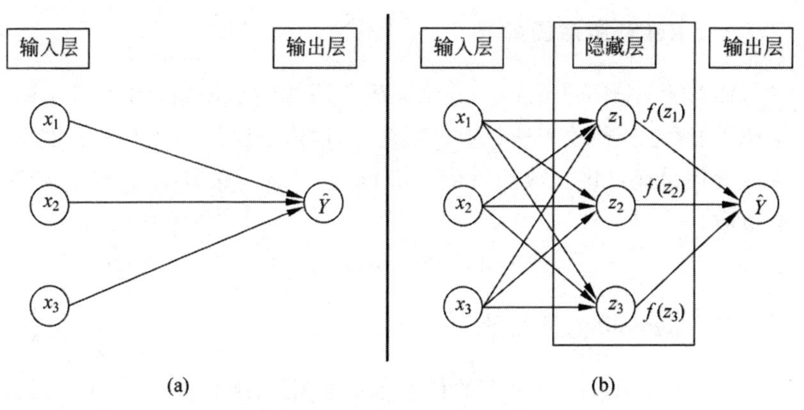

图 6-1　神经网络结构图

(a) 线性回归模型;(b) 神经网络模型

① 图中使用的是单一隐藏层且隐藏层神经元个数为 3 的全连接神经网络结果。

从图 6-1 中来看,线性模型和神经网络的输入层(input layer)与输出层(output layer)基本都是一样的,只是有两点区别:第一,多了隐藏层(hidden layer),即输入层与权重相乘获得的结果不是输出层的预测值,而是中间隐藏层的值。其中 $z_1=\beta_{11}x_1+\beta_{21}x_2+\beta_{31}x_3$、$z_2=\beta_{12}x_1+\beta_{22}x_2+\beta_{32}x_3$、$z_3=\beta_{13}x_1+\beta_{23}x_2+\beta_{33}x_3$ 均为线性模型的加总值。第二,多了激活函数(activation function)$f(\cdot)$。由于线性模型的线性加权只能模拟线性结构,因此引入激活函数就可以使得神经网络模型拟合各种其他非线性结构。最后输出层获得的结果变成了:$\hat{y}=f(z_1)+f(z_2)+f(z_3)$。

第二节　激活函数

前面提到为了使神经网络能够拟合非线性结构,需要引入激活函数,下面介绍几种常用的激活函数。

一、ReLU 激活函数

ReLU(rectified linear unit)是最常用的激活函数,因为其计算量小,同时在各种预测任务中表现良好,被广泛使用。ReLU 函数的特性会使得通过该函数的负值全部设为 0,即仅保留正数并丢弃所有负数。

$$\mathrm{ReLU}(x)=\max(x,0)$$

二、sigmoid 激活函数

sigmoid 函数会将输入的任意值映射压缩到区间(0,1)中的某个值:

$$\mathrm{sigmoid}(x)=\frac{1}{1+\exp(-x)}$$

三、tanh 激活函数

与 sigmoid 函数类似,tanh 函数也能将其输入压缩转换到区间

(−1,1)上，不同的是 tanh 函数关于坐标系原点中心对称。tanh 函数的公式如下：

$$\tanh(x)=\frac{1-\exp(-2x)}{1+\exp(-2x)}$$

第三节　优化算法

前面的线性模型求解中，由于模型的损失函数比较简单，误差最小化问题可以直接用解析解来表示。而在神经网络模型中，由于损失函数形式比较复杂，大部分的深度学习模型没有解析解，只能通过优化算法来获得模型参数的数值解。

一、梯度下降

下面介绍使用梯度下降(gradient descent)的方法，如何获得 $\boldsymbol{\beta}$ 的取值，使得其损失函数 $f(\boldsymbol{\beta})$最小，其中$\boldsymbol{\beta}=[\beta_1,\beta_2,\cdots,\beta_K]$。梯度下降的算法逻辑如下。

第一，随机选取一组模型参数 $\boldsymbol{\beta}_0$ 作为初始值。

第二，对模型参数 $\boldsymbol{\beta}$ 进行多次迭代，每次迭代更新之后的参数都能够使损失函数降低。更新参数的规则为将本次的参数 $\boldsymbol{\beta}$ 替换成其减去学习率乘以梯度的值，即

$$\boldsymbol{\beta}_t \leftarrow \boldsymbol{\beta}_{t-1}-\eta\,\nabla f(\boldsymbol{\beta}_{t-1}) \tag{6-2}$$

其中，η 被称为学习率(learning rate)，代表参数迭代的速度；$\nabla f(\boldsymbol{\beta})$是损失函数 $f(\boldsymbol{\beta})$的梯度，它是一个由 d 个偏导数组成的向量，梯度中的每个偏导数元素$\partial f(\boldsymbol{\beta})/\partial\beta_i$ 代表当输入 β_i 时 f 在 $\boldsymbol{\beta}$ 处的变化率：

$$\nabla f(\boldsymbol{\beta})=\left[\frac{\partial f(\boldsymbol{\beta})}{\partial\beta_1},\frac{\partial f(\boldsymbol{\beta})}{\partial\beta_2},\cdots,\frac{\partial f(\boldsymbol{\beta})}{\partial\beta_K}\right] \tag{6-3}$$

第三，当迭代更新之后的参数不能使损失函数降低时，梯度下降停止。

二、小批量随机梯度下降

在前面的梯度下降算法中，会使用整个训练数据集来计算梯

度,这种情况下计算机需要使用的内存和计算资源都非常大。为了加快计算效率,还可以在每轮迭代中随机均匀采集多个样本来组成一个小批量(mini batch),然后使用这个小批量来计算梯度,并且平均而言,小批量随机梯度是对整个训练集梯度的良好估计。具体来说,小批量随机梯度下降的迭代如下:

$$\boldsymbol{\beta}_t \leftarrow \boldsymbol{\beta}_{t-1} - \eta \boldsymbol{g}_t. \tag{6-4}$$

其中,$\boldsymbol{g}_t$ 是小批量 $\boldsymbol{B}_t$ 样本上目标函数位于 $\boldsymbol{x}_{t-1}$ 处的梯度。这里 $|\boldsymbol{B}|$ 代表批量大小,即小批量中样本的个数,是一个超参数。

$$\boldsymbol{g}_t \leftarrow \nabla f_{\boldsymbol{B}_t}(\boldsymbol{\beta}_{t-1}) = \frac{1}{|\boldsymbol{B}|}\sum_{i \in \boldsymbol{B}_t} \nabla f_i(\boldsymbol{\beta}_{t-1}) \tag{6-5}$$

三、动量法

由于前面的梯度下降每一轮迭代使用的训练数据一般是小批量的,没有使用全部的训练数据,当抽样样本中某些变量梯度分量的值比另外一些分量的值大得多时,个别分量会主导期望梯度更新的方向,导致梯度更新比较缓慢。动量法的提出是为了解决梯度下降的上述问题。在时间步 0,动量法创建速度变量 v_0,并将其元素初始化成 0。在时间步 $t>0$、动量超参数 γ 时,动量法对每次迭代的步骤做如下修改:

$$\begin{aligned} \boldsymbol{v}_t &\leftarrow \gamma \boldsymbol{v}_{t-1} + \eta \boldsymbol{g}_t, \\ \boldsymbol{\beta}_t &\leftarrow \boldsymbol{\beta}_{t-1} - \boldsymbol{v}_t, \end{aligned} \tag{6-6}$$

可以使用 tensorflow 的模块来实现梯度下降优化算法。

- 核心实现代码解析

```python

tf.keras.optimizers.SGD(
    learning_rate = 0.01,momentum = 0.0,nesterov = False,name = 'SGD'
, ** kwarg)
```

参数解析:

learning_rate：学习率，对应着上面的 η。

momentum：动量超参数，对应着上面的 γ，满足 $0 \leqslant \gamma < 1$。当 $\gamma = 0$ 时，动量法等价于小批量随机梯度下降。

四、AdaGrad 算法

前面动量法通过引入过去的动量信息，来使自变量的更新方向更加一致，从而降低梯度分量差异较大导致的更新缓慢问题。AdaGrad 算法（Duchi et al.，2011）则是根据不同的变量在每个维度的梯度值的大小来直接调整各个维度上的学习率。AdaGrad 算法会使用一个小批量随机梯度 $\boldsymbol{g}_t$ 按元素平方的累加变量 $\boldsymbol{s}_t$ 量：

$$\boldsymbol{s}_t \leftarrow \boldsymbol{s}_{t-1} + \boldsymbol{g}_t \otimes \boldsymbol{g}_t \tag{6-7}$$

其中$\otimes$是按元素相乘，这些按元素运算使得目标函数自变量中每个元素都分别拥有自己的学习率，AdaGrad 算法每次迭代的修改如下：

$$\boldsymbol{\beta}_t \leftarrow \boldsymbol{\beta}_{t-1} - \frac{\eta}{\sqrt{s_t + \sigma}} \otimes \boldsymbol{g}_t \tag{6-8}$$

其中 η 是学习率，σ 是为了维持数值稳定性而添加的常数，如 10^{-7}。

- 核心实现代码解析

```python
tf.keras.optimizers.Adagrad(
    learning_rate = 0.001, initial_accumulator_value = 0.1, epsilon
= 1e-07,
name = 'Adagrad', ** kwargs)
```

参数解析：

learning_rate：学习率，对应着上面的 η。

epsilon：是为了维持数值稳定性而添加的常数，对应着上面的 σ。

五、RMSProp 算法

在 AdaGrad 算法，因为调整学习率时分母上的变量 $\boldsymbol{s}_t$ 一直在累加按元素平方的小批量随机梯度，所以目标函数自变量每个元素的学习率在迭代过程中一直在降低（或不变）。因此，当学习率在迭代早期降得较快且当前解依然不佳时，AdaGrad 算法在迭代后期由于学习率过小，可能较难找到一个有用的解。为了解决这一问题，RMSProp 算法将这些梯度按元素平方做指数加权移动平均。具体来说，给定超参数 $0 \leqslant \gamma < 1$，RMSProp 算法在时间步 $t>0$ 计算：

$$\boldsymbol{s}_t \leftarrow \gamma \boldsymbol{s}_{t-1} + (1-\gamma)\boldsymbol{g}_t \otimes \boldsymbol{g}_t \tag{6-9}$$

和 AdaGrad 算法一样，RMSProp 算法将目标函数自变量中每个元素的学习率通过按元素运算重新调整，然后更新自变量：

$$\boldsymbol{\beta}_t \leftarrow \boldsymbol{\beta}_{t-1} - \frac{\eta}{\sqrt{s_t + \sigma}} \otimes \boldsymbol{g}_t \tag{6-10}$$

其中，η 是学习率，σ 是为了维持数值稳定性而添加的常数，如 10^{-6}。

- 核心实现代码解析

```
```python
tf.keras.optimizers.Adagrad(
    learning_rate = 0.001, initial_accumulator_value = 0.1, epsilon =
1e-07,
name = 'Adagrad', ** kwargs)
```
```

参数解析：

learning_rate：学习率，对应着上面的 η。

epsilon：是为了维持数值稳定性而添加的常数，对应着上面的 σ。

六、Adam 算法

Adam 算法（Kingma et al.，2017）可以看成动量算法和 RMSProp 算法的结合，Adam 算法使用了动量变量 $\boldsymbol{v}_t$ 和 RMSProp 算法中小批量随机梯度按元素平方的指数加权移动平均变量 $\boldsymbol{s}_t$，并在时间步 0 将它们中每个元素初始化为 0。给定超参数 $0 \leqslant \beta_1 < 1$（算法作者建议设为 0.9），时间步 t 的动量变量 $\boldsymbol{v}_t$ 即小批量随机梯度 $\boldsymbol{g}_t$ 的指

数加权移动平均：

$$\boldsymbol{v}_t \leftarrow \beta_1 \boldsymbol{v}_{t-1} + (1-\beta_1)\boldsymbol{g}_t \tag{6-11}$$

和 RMSProp 算法中一样，给定超参数 $0 \leqslant \beta_2 < 1$(算法作者建议设为 0.999)，将小批量随机梯度按元素平方后的项 $\boldsymbol{g}_t \otimes \boldsymbol{g}_t$ 做指数加权移动平均得到 $\boldsymbol{s}_t$：

$$\boldsymbol{s}_t \leftarrow \beta_2 \boldsymbol{s}_{t-1} + (1-\beta_2)\boldsymbol{g}_t \otimes \boldsymbol{g}_t \tag{6-12}$$

由于将 $\boldsymbol{v}_0$ 和 $\boldsymbol{s}_0$ 中的元素都初始化为 0，在时间步 t 我们得到 $\boldsymbol{v}_t = (1-\beta_1)\sum_{i=1}^{t}\beta_1^{t-i}\boldsymbol{g}_i$。将过去各时间步小批量随机梯度的权值相加，得到 $(1-\beta_1)\sum_{i=1}^{t}\beta_1^{t-i} = 1-\beta_1^t$。需要注意的是，当 t 较小时，过去各时间步小批量随机梯度权值之和会较小。例如，当 $\beta_1 = 0.9$ 时，$\boldsymbol{v}_1 = 0.1\boldsymbol{g}_1$。为了消除这样的影响，对于任意时间步 t，我们可以将 $\boldsymbol{v}_t$ 再除以 $1-\beta_1^t$，从而使过去各时间步小批量随机梯度权值之和为 1。这也叫作偏差修正。在 Adam 算法中，我们对变量 $\boldsymbol{v}_t$ 和 $\boldsymbol{s}_t$ 均做偏差修正：

$$\hat{\boldsymbol{v}}_t \leftarrow \frac{\boldsymbol{v}_t}{1-\beta_1^t}$$

$$\hat{\boldsymbol{s}}_t \leftarrow \frac{\boldsymbol{s}_t}{1-\beta_2^t}$$

接下来，Adam 算法使用以上偏差修正后的变量 $\hat{\boldsymbol{v}}_t$ 和 $\hat{\boldsymbol{s}}_t$，将模型参数中每个元素的学习率通过按元素运算重新调整：

$$\boldsymbol{g}_{t'} \leftarrow \frac{\eta \hat{\boldsymbol{v}}_t}{\sqrt{\hat{\boldsymbol{s}}_t} + ò} \tag{6-13}$$

其中 η 是学习率，ò 是为了维持数值稳定性而添加的常数，如 10^{-8}。Adam 算法每次迭代使用上面的 $\boldsymbol{g}_{t'}$：$\boldsymbol{\beta}_t \leftarrow \boldsymbol{\beta}_{t-1} - \boldsymbol{g}_{t'}$.。

- 核心实现代码解析

```
```python
tf.keras.optimizers.Adam(
    learning_rate = 0.001, beta_1 = 0.9, beta_2 = 0.999, epsilon = 1e-
```
```

```
07,amsgrad = False,
name = 'Adam', ** kwargs)
```

参数解析：

learning_rate：学习率，对应着上面的 η。

epsilon：是为了维持数值稳定性而添加的常数，对应着上面的 ò。

beta_1：偏差调整参数，对应着上面的 β_1。

beta_2：偏差调整参数，对应着上面的 β_2。

第四节　神经网络的训练

一、权重惩罚

前面线性模型本文提到，为了对抗模型的过拟合问题，可以通过在损失函数中，加入惩罚项来实现对权重的限制，一般常用的惩罚项有 L1 和 L2。在神经网络模型中，同样可以对损失函数添加惩罚项来实现对权重的限制。

$$\mathcal{L}(\beta;\cdot)=\underbrace{\mathcal{L}(\beta)}_{\text{Loss Function}}+\underbrace{\phi(\beta;\lambda)}_{\text{Penalty}}$$

二、丢弃法

在神经网络模型中，除了前面提到传统的通过权重惩罚的方式来对抗过拟合的方法外，还有一个比较常用的方法是丢弃(dropout)法。这种方法是通过直接随机丢弃某些隐藏层的神经单元来实现的(图 6-2)。由于在训练过程中，某些隐藏层的单元可能会被随机丢弃掉，因此输出层的计算无法过度依赖某一个隐藏层的结果，这样也就起到了对抗过拟合的效果。

三、早停法

神经网络模型在每一次优化算法的迭代后，模型在训练集上的

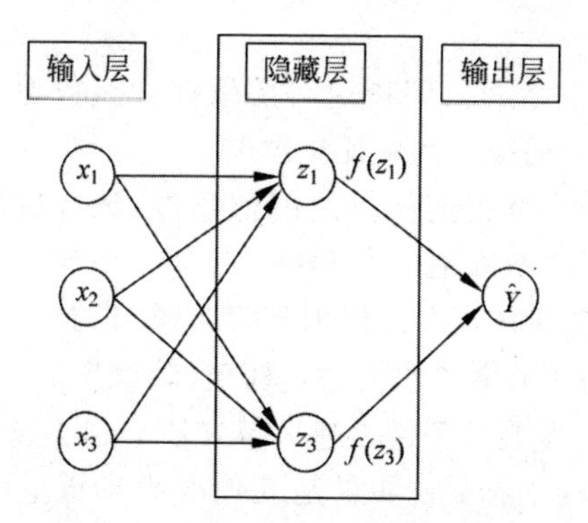

图 6-2　使用丢弃法的神经网络结构

表现会越来越好(图 6-3),表现为训练集的误差会逐步下降,但是验证集的误差会先下降后上升。这种情况下,模型其实是随着每次权重参数的迭代,发生从欠拟合到过拟合的转变。因此我们希望能够在验证集误差最小的时候训练停止,当时获得的参数就是神经网络训练好的最优模型。

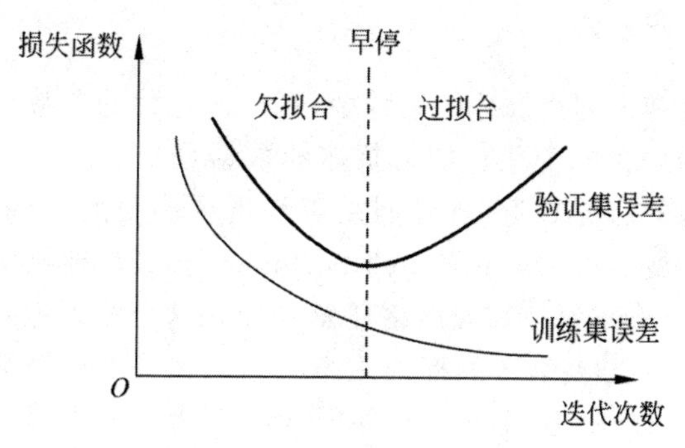

图 6-3　早停法误差变化

- 核心实现代码解析

```python
tf.keras.callbacks.EarlyStopping(
    monitor = 'val_loss',min_delta = 0,patience = 0,verbose = 0,
    mode = 'auto',baseline = None,restore_best_weights = False)
```

参数解析：

monitor：监控条件，即指定需要根据什么数据来进行早停，一般而言，会使用上面提到的验证集误差。

min_delta：训练提前停止的阈值条件，默认每次迭代后，验证集的损失函数至少下降幅度大于0。

patience：允许在几次迭代内都没有提升，默认为0次，即只要有一次损失函数下降幅度没有超过阈值，就触发早停条件。

mode：制定监控的条件是越大越好还是越小越好，如果是损失函数，那么就是越小越好；如果是其他准确率指标（R^2），那就是越大越好。

verbose：日志冗长度。当取值为0时，代表不输出超参数训练的过程。

restore_best_weights：是否将监控条件最优作为最终的模型，如果选择False，那么会以最后一次迭代训练之后的结果作为最终的模型。

四、批归一法

在深度神经网络训练的过程中，每一次迭代的参数更新都会导致中间数据分布的变化。如果整体的数据分布逐渐往非线性函数的取值区间的边界靠近，神经网络容易出现梯度消失，从而导致无法训练的问题。批归一化（batch normalization）是神经网络中一种特殊的层，它会把每层神经网络任意神经元这个输入值的统一标准化为均值为0、方差为1的标准正态分布。如果上一层神经网络的输出结果为$x_i, i=1,2,\cdots,m$，其中m为这批训练样本batch的大小。批归一化的算法流程如下：

第一，计算该批数据的均值，$\mu_B=\frac{1}{m}\sum_{i=1}^{m}x_i$。

第二，计算该批数据的标准差，$\sigma_B^2=\frac{1}{m}\sum_{i=1}^{m}(x_i-\mu_B)^2$。

第三，将原始数据标准化成新的数据：$\hat{x}_i=\frac{x_i-\mu_B}{\sqrt{\sigma_B^2+\grave{o}}}$，其中ò是

为防止除 0 问题出现而设置的一个很小的常数。

第五节　全连接神经网络模型的代码实现

- 核心实现代码解析

```python
tf.keras.layers.Dense(
    units,activation = None,use_bias = True,
    kernel_initializer = 'glorot_uniform',
    bias_initializer = 'zeros',kernel_regularizer = None,
    bias_ regularizer = None, activity _ regularizer = None, kernel _
constraint = None,
    bias_constraint = None, ** kwargs
)
```

参数解析：

units：该层神经元的数量，例如 32、64、128 等。

activation：制定激活函数，例如前面提到的'relu'。

use_bias：是否添加常数项。

kernel_initializer：神经网络权重初始化方法。

bias_initializer：神经网络常数项初始化方法。

kernel_regularizer：神经网络权重的惩罚项，例如 L1 惩罚项或者 L2 惩罚项。

bias _regularizer：神经网络常数项的惩罚项。

activity_regularizer：神经网络激活函数的惩罚项。

kernel_constraint：神经网络权重的约束条件，例如强制约束权重大于 0。

bias _constraint：神经网络常数项的约束条件。

参考文献

DUCHI J, HAZAN E, SINGER Y, 2011. Adaptive subgradient methods for online learning and stochastic optimization[J]. Journal of machine learning research,12：2121-2159.

IOFFE S,SZEGEDY C,2015. Batch normalization：accelerating deep network training by reducing internal covariate shift[J]. ICML'15：Proceedings of the 32nd International Conference on Machine Learning,37：448-456.

KINGMA D P,BA J,2017. Adam：a method for stochastic optimization[C]// The 3rd International Conference for Learning Representations,San Diego.

第七章

理解机器学习在中国股票市场应用的制度背景

第一节　中国股票市场概述

一、中国股票市场发展阶段概述

从1990年上海证券交易所(以下简称“上交所”)成立至今,中国现代股票市场已经历了30多年发展。在此期间,中国股票市场制度从无到有,经历了诸多制度上的变迁。结合证监会发布的《中国资本市场发展报告》,我们可以将股票市场的发展划分为五个阶段。

(一) 1992年以前:中国资本市场的萌芽阶段

1990年11月,上交所成立。1990年12月,深圳证券交易所(以下简称“深交所”)开始试营业。在成立之初,交易所采取$T+0$的交收制度和5%的涨跌停板;1991年7月,深交所正式开始营业,上交所以1990年12月19日为基期100点开始发布上证综指;1992年5月,上交所全面开放股价,取消了涨跌停板制度。在这个阶段,现代股票市场正式启动,但尚未形成完整的监管框架。

(二) 1993—1998年:全国性资本市场的成立与探索

1995年1月,A股首次实行$T+1$交收制度,当天买入的股票不允许当天卖出;1996年12月,A股恢复涨跌停板制度,将涨跌停幅度设为10%。在这个阶段,股票交易制度与现行制度有较大差别,在制度调整方面也有较多反复。

(三) 1998—2007年:股票市场的制度建立与规范

1998年1月,上交所发布的《上海证券交易所股票上市规则》正式生效;1998年12月,全国人大常委会第六次会议审议通过《中华人民共和国证券法》(以下简称《证券法》),该法于1999年7月实施。2004年5月,中小板开板。2005年9月,股权分置改革全面启动;

截至2007年12月，已完成股改或进入股改程序的公司总市值占比达到98%，股权分置改革基本完成。至此，我国股票的交易制度基本确立。

（四）2008—2018年：股票市场的完善与成长

2008年至今，股票交易制度相对稳定，市场进入完善和成长阶段。2009年10月，创业板开板，我国“二板市场”进入运营。2010年，推出融资融券制度。“沪港通”于2014年开通，“深港通”于2016年开通。在此阶段，我国股票市场不断完善、蓬勃发展。

（五）2019年至今，股票市场逐渐走向成熟

2019年6月13日，上交所设立的科创板正式运行，其重要意义在于注册制的试点。2020年6月12日，证监会发布了《创业板上市公司证券发行注册管理办法（试行）》，标志着创业板改革和注册制试点的开始。在此阶段，我国股票市场逐渐走向成熟。

二、中国股票市场主要参与主体

（一）参与主体

1. 证监会

1992年10月，国务院证券委员会（以下简称“国务院证券委”）和证监会宣告成立，标志着中国证券市场统一监管体制开始形成。证监会是国务院直属正部级事业单位，其依照法律、法规和国务院授权，统一监督管理全国证券期货市场，维护证券期货市场秩序，保障其合法运行。

2. 交易所

上交所成立于1990年11月26日，同年12月19日开业，受证监会监督和管理。深交所于1990年12月1日开始营业，受证监会监督管理。交易所主要履行市场组织、市场监管和市场服务等职责。

（二）上市公司

本书所说的A股，即人民币普通股票，是由中国境内注册公司发行，在境内上市，以人民币标明面值，以人民币认购和交易的普通股股票。B股是在我国境内发行的人民币特种股票，发行对象是境外的自然人或机构，是在我国改革开放初期外汇短缺条件下的产物。本书所说的A股，是指代码以600、000、002、300开头的股票。表7-1总结了我国现有的股票代码和其上市板块、上市条件等。

表7-1　股票代码及分类

代码开头	交易所	上市板块	股票类型	条件及备注
600	上交所	主板	A股	上市要求最高，多大盘股
900	上交所	—	B股	以人民币标明面值，以外币认购交易
688	上交所	科创板	新设板块	与主板适用不同的上市和交易规则
000	深交所	主板	A股	上市要求最高
200	深交所	—	B股	以人民币标明面值，以外币认购交易
002	深交所	中小板	A股	相对主板而言上市难度较低，可视作主板与创业板之间的过渡
300	深交所	创业板	A股	“二板”，上市难度较低；以高科技、高成长的中小企业为服务对象，对应美国的纳斯达克
400	OTC	新三板	—	“三板”，OTC市场；起源于2001年“股权代办转让系统”，最早承接两网公司和退市公司，称为“老三板”。2006年，中关村科技园区非上市股份公司进入代办转让系统进行股份报价转让，称为“新三板”

资料来源：交易所官方资料。

（三）交易主体

我国A股投资者可以分为三个类别，分别是自然人（individual）、一般法人（corporation）和专业机构（institution）。其中专业机构包括券商自营、投资基金、社保基金、保险资金、资产管理及QFII（合格境外投资者）。

交易所在发布的《统计年鉴》中对投资者开户和持有、交易股票的情况进行统计。其对股东情况统计是按投资者申请开设股票账户时填写的《上海/深圳证券中央登记结算公司记名证券名册登记表》上的身份证编号设置进行的，身份证号码是基本统计单位。

根据上交所发布的《上海证券交易所统计年鉴（2020卷）》，截至2019年底，开户的自然人共计23 359.0万户，机构共计72.9万户。截至2019年末，上交所的自然人投资者账户数占比高达99.75%，其持股市值占比20.59%；一般法人账户数占比约0.11%，其持股市值占比60.89%；专业机构账户数占比约0.14%，其持股市值占比15.74%（表7-2）。

表7-2　2019年底上交所各类投资者持股情况

交易主体	持股市值/亿元	占比/%	持股账户数/万户	占比/%
自然人投资者	61 856	20.59	3 856.96	99.76
一般法人	182 968	60.89	4.07	0.11
沪港通	8 374	2.79	0.00	0.00
专业机构	47 283	15.74	5.28	0.14
其中：投资基金	12 328	4.10	0.37	0.01

资料来源：上交所。

根据深交所发布的《深圳证券交易所市场统计年鉴2020》，截至2019年底，个人总户数22 060.45万户，机构共计58.66万户；截至2020年底，个人总户数24 758.07万户，机构共计64.94万户。

第二节　中国股票市场重要制度

一、发行制度

（一）发行制度的发展历程

股票发行制度通常包括审核制、核准制和注册制三种，目前国际成熟市场通行的是核准制和注册制，其中核准制以英国、法国为代表，注册制以美国、日本为代表。我国资本市场诞生30多年来，先后实行过审批制、核准制和注册制三种股票发行制度。目前我国处于注册制改革全面推进阶段，核准制与注册制并行。

1. 审批制（1993—2000年）

审批制是指由地方政府或部门根据发行额度或指标推荐发行上市，证券监管部门行使审批职能的发行制度。我国审批制具有浓厚的计划经济色彩，先后经历过额度管理和指标管理两个阶段。1993年4月22日，国务院颁布《股票发行与交易管理暂行条例》，标志着审批制的正式成立。这一阶段股票发行的特点主要是“额度管理”，即由国务院证券监督管理机构确定股票发行的总规模（额度或指标），经国务院批准后，再分配到各省、自治区、直辖市、计划单列市和国家有关部委。

1996年，国务院证券委公布了《关于1996年全国证券期货工作安排意见》，标志着审批制由“额度管理”阶段进入“指标管理”阶段，提出将新股发行办法改为“总量控制，限报家数”的管理办法，即股票发行总规模由国家计划委员会和国务院证券委共同制定，证监会在确定的总规模内，向各地区、各部门下达发行企业个数。但是，随着经济的发展、市场化程度的提高，审批体制下市场不透明、资源配置低下的问题逐渐显现，发展到后期权力寻租现象也时有发生，这些都制约了经济的发展。

2. 核准制（2001—2019年）

核准制是指股票发行人在申请发行股票时，既要满足证券发行的管理制度，也要通过证券监管机构的价值判断审查，即股票发行人需要通过形式上和实质上的双重审核，才可上市。相较于以计划和行政手段为主的审批制，核准制倾向于市场化运行。1999年7月1日《证券法》规定股票发行实行核准制，2001年3月17日，证监会宣布取消审批制，正式施行核准制。核准制下，我国股票发行经历了通道制、保荐制两个阶段。

2001—2004年实行通道制，即证券监管部门赋予具有主承销资格的证券公司一定数量的发股通道，一条通道一次只能推荐一家企业，证券公司按照发行一家、递增一家的程序来推荐公司上市的制度。通道制将审核制下政府的行政分配权下放给了主承销商、发审委和证监会三方，是股票发行制度由计划机制向市场机制转变的重大改革。但是，通道制赋予的上市通道有限，并不能解决上市资源供不应求的问题，同时对券商缺乏相应的风险约束，这些缺陷注定了其只是核准制的初级形式。

2004—2019年实行保荐制，即有保荐资格的保荐人对符合条件的企业进行辅导，推荐股票发行上市，并对发行人的信息披露质量承担责任。2004年2月1日，《证券发行上市保荐制度暂行办法》施行，股票发行保荐制正式实施。保荐制明确了保荐机构和保荐代表人的责任，建立了责任追究机制，较通道制增加了连带责任，促使证券公司增强风险和责任意识，完善内控制度。

3. 注册制(2019年至今)

注册制是指申请股票发行的公司依据相关规定将信息充分真实披露，将申请文件提交给证券监管机构进行形式审查的一种股票发行制度。证券监管机构只对发行人进行形式上的审核，不对发行人进行价值判断等实质性审核。2019年7月22日，试点注册制科创板正式开市；2020年8月24日，创业板注册制首批企业在深交所上市。

（二）我国新股上市统计

A股历史上IPO一共暂停过9次。就背景来看，IPO暂停与制度变革和市场环境低迷较为相关(表7-3)。

表 7-3　A 股 IPO 暂停情况

暂停时间	暂停背景
1994.07.21—1994.12.07	股市低迷持续一年半
1995.01.19—1995.06.09	A 股成交量低,资金不足
1995.07.05—1996.01.03	股市低迷
2001.07.31—2001.11.02	国有股减持方案出台,市场猛烈抛压
2004.08.26—2005.01.23	证监会公布试行 IPO 询价制度,在正式方案出台前
2005.05.25—2006.06.02	股权分置改革全面推行
2008.09.16—2009.07.10	美国次贷危机
2012.11.16—2013.12.30	二级市场低迷,肃清上市公司造假
2015.07.04—2015.11.06	2015 年“股灾”

截至 2020 年 12 月末,A 股总市值 80 万亿元左右,相比于 2001 年 5 万亿元的平均规模,增加了约 15 倍;上市公司数量超过 4 100 家,接近于 2001 年的 4 倍。从沪深两市建立初到股改前,A 股上市公司数量在逐年稳步上升,但受实行额度管理和指标管理的发行审核制度影响较大,绝大多数上市公司的规模小、成长性差,市场整体发展十分缓慢,市值规模变化趋势与公司数量增长势头大相径庭。股改以前,A 股上市公司总市值增长十分缓慢,且流通市值占总市值比重较低,很长一段时间内保持在 30%以下;股改以后,A 股上市公司总市值迅速上升,中间受金融危机、股市危机等影响经历过几次较大幅度调整,但整体上仍保持快速扩张趋势,与上市公司数量增加趋势基本一致。股改后 A 股流通市值占比显著增加,虽然不能百分百接近总市值,主要是受限售股暂不流通影响,但已经与股改前存在根本性的差异(图 7-1)。

30 多年来,资本市场累计实现股权融资规模超过 21 万亿元,其中 IPO 和增发融资规模占主要地位。从历年 IPO 融资规模和家数来看,发行市场的发展极不稳定、走走停停。据统计,历史上共经历了 9 次 IPO 暂停,每次暂停时间短则 3 个月、长则 15 个月,最后一次暂停是 2015 年 7 月至 2015 年 11 月。股改前每年 IPO 和增加的募资

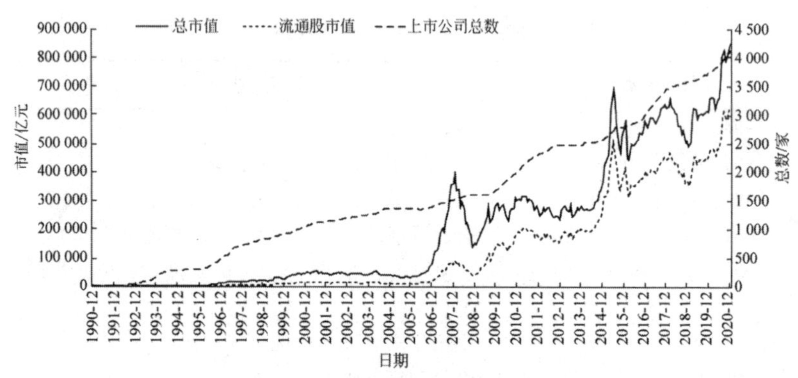

图 7-1　1990—2020 年 A 股上市公司总数、流通市值及总市值月度变化情况

资料来源：Wind 数据库。

规模及家数一直保持在较低水平，且 IPO 的规模和家数长期高于增发的募资情况，主要是受发行审核制和股权分置影响。股改后 IPO 规模和家数受政策变化影响较大，上下起伏很大，增发的募资规模和家数整体上呈现先上升后下降的趋势。特别是自 2011 年开始，企业上市后再融资规模明显增加，如每年增发的募资规模和家数基本上都要明显高于 IPO 募资规模和家数，占据市场股权融资首要地位(图 7-2)。历史上多次暂停和重启 IPO，是监管部门试图加强宏观调控的手段之一，但总体来说，发行市场受政策不确定性影响较大，市

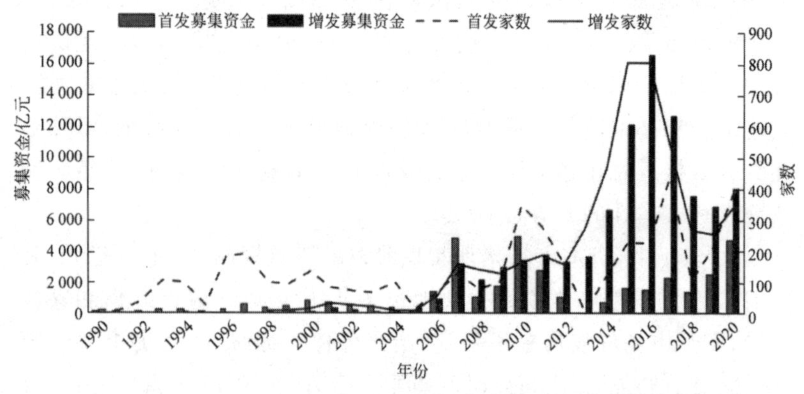

图 7-2　1990—2020 年 A 股 IPO 和增发的募资规模与家数

资料来源：上海证券交易所、深圳证券交易所和 Wind 数据库。

场对资源配置的力量较弱，导致发行市场发展与经济增长不相匹配。让股票发行回归市场主导，由市场自发调节，将有利于资本市场健康发展。

（三）新股发行定价制度

与股票发行制度一样，中国的股票发行定价机制是一个不断摸索前进的过程，也是一个从行政化逐步转向市场化、由低市场化逐步转向高市场化的过程。伴随着股票发行制度的变迁，新股发行定价制度经历了行政审批制下的定价制度、核准制下的定价制度以及注册制下的定价制度三个阶段。

1. 行政审批制下的定价制度（1993—2000 年）

由于行政审批下，新股的发行上市由国务院证券委统一分配“额度”、制定“指标”，与之对应地，这一阶段的定价机制也是由国务院证券委统一施行的市盈率定价。1993—1995 年，国务院证券委对新股发行的数量和发行市盈率均做了规定，由于发行市盈率是固定的，新股被低估的现象普遍存在，新股抑价率较高。

监管部门意识到固定市盈率的弊端，1996—1998 年，新股定价制度进入相对固定市盈率阶段，即国务院放松了对市盈率的管制，允许市盈率在 13～16 倍之间浮动，新股价格等于每股税后利润乘以相对固定市盈率。

1999—2000 年，新股定价方式进入累计投标定价阶段。累计投标定价是一种市场化程度较高的定价方式，监管者不设定市盈率限制，而是通过向机构询价的方式，在底价限制的基础上不设定发行价格上限。累计投标定价的本意是降低新股获利程度，抑制“打新”氛围，但实际上 IPO 抑价率不降反升，新股价格严重偏离其内在价值。

2. 核准制下的定价制度（2001—2019 年）

第一阶段，过渡时期的新股定价制度（2001—2004 年）。在“通道制”阶段，IPO 定价采取的是市盈率定价方式，即允许股票发行市盈率在 10％的区间内浮动。股票发行方式主要有两种：一种是上网竞价发行，是指券商作为唯一的新股卖方，将发行人制定的价格作为发行底价，将股票通过证券交易所的系统售卖给投资者，投资者在规定时间内竞价申购，按照价格优先确定发行价并发行新股。另一种是按市值配售发行，把股票分成两部分，一部分新股由投资者上网竞价，一部分新股向二级市场投资者配售。

第二阶段，询价定价制度（2005—2019 年）。询价制，是指新股 IPO 时，发行价格以券商向询价对象询价的方式确定。中国的询价制分为初步询价和累计投标询价两阶段，初步询价主要是确定股票发行价格区间，累计投标询价是在价格区间内确定最终的发行价格。具体询价流程为：首先，发行人和券商向有询价资格的对象提供拟上市公司价值研究报告；其次，询价对象根据价值研究报告及有关信息，在初步询价阶段提供购买价格及申购数量，券商据此确定新股发行定价区间；再次，券商进行路演推介和累计投标询价，在初步询价确定的价格区间制定最终的发行价和发行市盈率；最后，券商按照相关制度规定在网下配售和网上发行新股。询价制度自落地以来经历了 IPO 定价“窗口指导”、市场化和隐性管制三个阶段。

2005 年 1 月—2009 年 5 月，IPO 定价“窗口指导”阶段。这一阶段最突出的特点是券商对 IPO 定价要接受证监会的“窗口指导”，新股发行的市盈率一般不超过 30 倍，也不能高于询价对象报价的均值、中位数、基金报价的均值、中位数这 4 个报价值。为了促进询价对象审慎报价，证监会对网下配售的股份限定了 3 个月的锁定期，并且对网下配售的询价对象进行了资格限制，只有公募基金、社保基金、证券公司、信托公司、财务公司、保险公司和合格境外投资者等七类机构投资者才有资格参与询价。

2009 年 6 月—2012 年 4 月，IPO 定价市场化阶段。2009 年 6 月 10 日，证监会颁布《关于进一步改革和完善新股发行体制的指导意见》，标志着询价机制迈向市场化阶段。询价机制和申购约束机制主要有三个变化：一是把定价自主权交给券商和发行人。二是增加了申购报价约束，促进了询价对象审慎报价。三是提高中小投资者申购积极性，要求机构投资者申购方式只能是网上申购和网下申购二选一，规定网上申购账户的申购数量“原则上不超过本次网上发行股数的千分之一”，同时规定“单个投资者只能使用一个合格账户申购新股”。2010 年 10 月 11 日，证监会公布《关于深化新股发行体制改革的指导意见》，从网下配售方式（发行人及券商根据实际情况自行设定每笔申购报单的最低申购量）、拓展询价对象范围、询价定价信息披露、回拨（网上申购不足可向网下回拨）和中止发行机制（发行股票 4 亿股以下的有效报价询价对象不足 20 家，或 4 亿股以上的有效询价对象不足 50 家，中止发行）四个方面进行了优化。

2012 年 5 月—2019 年，IPO 定价隐性管制阶段。IPO 定价市场化阶段，股价频现“三高”“破发”现象，“业绩变脸”时有发生，“炒新打新”非常严重。2012 年 5 月，证监会推出《关于进一步深化新股发行体制改革的指导意见》，进一步改革了新股定价机制（无约束报价机制，25％市盈率规则）和询价报价机制（扩展询价对象范围，提高询价对象配售股票比例，建立网上网下回拨机制）。2013 年 11 月，证监会发布《关于进一步推进新股发行体制改革的意见》，对询价对象报价（引入最高报价剔除机制，网下配售比例提高到 60％以上，灵活调整网上网下回拨比例）、新股定价（取消 25％市盈率规则）、新股配售（设置申购门槛）进行了重大调整。

3．注册制下的定价制度（2019 年至今）

2019 年 3 月 1 日，上交所发布《上海证券交易所科创板股票发行与承销实施办法》，规定科创板 IPO 定价采用询价定价机制。第一，定价市场化，可使用初步询价或累计投标询价方式发行价格；取消价格限制，取消 23 倍市盈率上限，由发行人、主承销商、机构投资者通过市场化询价博弈确定。第二，询价对象仅限机构投资者。第三，剔除报价最高的 10％的报价机构，最高价与最低价相差不得超过最低价的 20％，同一机构投资者最多只能提交两次询价报价。第四，科创板网下发行比例不低于 70％，优先配售对象份额不低于 50％，增加机构投资者的中签概率。第五，科创板允许发行人和承销商实施“绿鞋机制”，即券商可以采用超额配售选择权，多发行不超过首次发行股票总量的15%股票数量。第六,为增强券商资本约束,要求券商强制跟投其所承销的股份,并对跟投比例及期限做了一定限制。

2020年6月12日,证监会颁布《创业板首次公开发行股票注册管理办法(试行)》,规定创业板注册制IPO定价在基本延续科创板IPO定价的基础上,做了部分改革:第一,总股本不超过4亿股,网下初始发行比例不低于70%,超过4亿股比例不低于80%;创业板注册制优先配售对象配售份额不低于70%。第二,发行人和券商对网下配售的限售方式可以采用摇号限售或比例限售方式,两种方式发行的证券锁定期都不应低于6个月。第三,沿用科创板券商跟投制度,但只有高价发行类企业要求强制跟投。

(四)新股发行抑价

由于我国新股发行历史上多数时期都存在对发行定价的管制,因此我国股价市场长期存在IPO抑价的情况。2014年6月,深交所发布《关于完善首次公开发行股票上市首日交易机制有关事项的通知》,指出股票上市首日全日投资者的有效申报价格不得高于发行价的144%,且不得低于发行价的64%。这实际上是对新股首日涨跌幅作出了限制性的规定。

上交所和深交所对新股上市首日的价格涨跌幅进行过多次调整,新股股价首日涨跌幅限制会影响股票IPO抑价。我国新股交易涨跌幅限制改革历程如表7-4所示。监管层对股价涨跌幅限制同样是经过了由松到紧的管制过程,在2005年之前,监管层对新股发行价涨幅上限不设限制,从2005年开始,证监会对新股发行价涨跌幅进行限制,新股发行价上涨幅度不得超过1 000%,下跌幅度不得超过50%,价格浮动管制于2012年取消。2014年开始,主板新股发行首日涨幅限制为不得超过发行价的44%,最高跌幅不得超过发行价的36%,同时主板限制交易日内涨跌幅为10%。该政策在新股上市首日严格限定了价格波动范围,一定程度上缓解了首日的暴跌暴涨现象,但是紧随其来的是首日后连续数个甚至几十个交易日的连续涨停。2019年3月,科创板放宽了对股票价格涨跌幅的限制,对新股股价首日涨跌幅不设限制，同时放宽了日内交易股价涨跌幅限制至 20%。2020 年 6 月，创业板试行注册制，对新股股价前 5 日涨跌幅不设限制，同时放宽了日内交易股价涨跌幅限制至 20%。

表 7-4 我国新股交易涨跌幅限制改革历程

时 间 段	涨跌幅限制
2005 年之前	不设涨跌幅限制
2005—2013 年	−50%～1 000%
2014 年至今	核准制下，新股首日涨跌幅上限为 44%，下限为 −36%，之后日内交易涨跌幅限制 10%
2019 年至今	注册制下，科创板新股前 5 日不限制涨跌幅，之后日内交易涨跌幅限制为 20%
2020 年至今	注册制下，创业板新股前 5 日不限制涨跌幅，之后日内交易涨跌幅限制为 20%

我国 A 股新股发行抑价率如图 7-3 所示。在 1993—1998 年的市盈率定价阶段，由于施行固定市盈率，新股价格普遍存在低估的问题，这段时间的 IPO 抑价率一直很高，均在 150%之上。在 1999—2000 年的累计投标定价阶段，IPO 溢价率也居高不下。2001—2004 年期间，IPO 抑价率出现了较大幅度的下降，2003 年、2004 年 IPO 抑价率均在 100%以内。在 2005—2009 年的 IPO 定价“窗口指导”阶段，

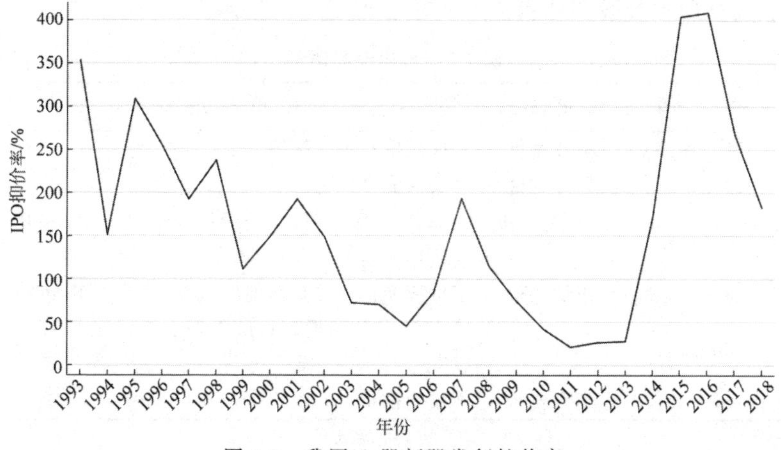

图 7-3 我国 A 股新股发行抑价率

抑价率均值在100%上下波动。在2009—2012年的IPO定价市场化阶段,IPO抑价率有明显下降,2010—2012年的IPO抑价率均在50%以下。2014年开始,主板设置首日涨跌幅限制为上限44%后,紧随其来的是首日后连续数个甚至几十个交易日的连续涨停,因此这段时间的IPO抑价率很高,2015—2016年IPO抑价率甚至高达400%。

二、交易制度

(一)基本交易制度

1. A股交易制度(科创板除外)

根据现行的《上海证券交易所交易规则》《深圳证券交易所交易规则》,股票通过竞价撮合交易,在不同交易时间分别采用连续竞价和集合竞价的成交方式。当前竞价交易阶段未成交的买卖申报,自动进入当日后续竞价交易阶段。连续竞价是指对买卖申报逐笔连续撮合的竞价方式;集合竞价是指在规定时间内接受的买卖申报一次性集中撮合的竞价方式。

其中,连续竞价时投资者又可以选择限价委托或市价委托,限价委托按照指定价格挂单成交,市价委托则不规定成交价格,按照市场实时价格成交。

日内交易时间如表7-5所示。

表7-5 日内交易时间

<table>
<tr><th>时　间</th><th>成交方式</th><th>撤单规定</th></tr>
<tr><td>9:15—9:20</td><td>集合竞价</td><td>未成交申报可以撤销</td></tr>
<tr><td>9:20—9:25</td><td>集合竞价</td><td>不接受撤单</td></tr>
<tr><td>9:25—9:30</td><td>不接受申报</td><td>2016年4月以前,深交所接受价格申报,在开盘后进入委托交易;后修订为不接受申报</td></tr>
<tr><td>9:30—11:30</td><td>连续竞价</td><td rowspan="2">市价成交:最优5档即时成交,剩余可以转限价申报或自动撤销;投资者也可以进行限价成交</td></tr>
<tr><td>13:00—14:57</td><td>连续竞价</td></tr>
<tr><td>14:57—15:00</td><td>集合竞价</td><td>不接受撤单</td></tr>
</table>

此外,在A股交易过程中有以下三项基础制度。

第一,最小买入单位限制。竞价交易买入股票,申报数量应当为100股(份)或其整数倍,卖出股票不足100股的部分应当一次性申报卖出,股票单笔申报的最大数量应当不超过100万股。

第二,$T+1$制度。买卖申报经交易主机撮合成交后,交易即告成立,即时生效,在当日收盘后进行股票的清算和交收。目前A股不允许进行回转交易,在T日买入的股票在完成交收后,也就是$T+1$日才可卖出;在T日卖出股票所得的资金即时到达交易账户,在$T+0$日可以继续交易,但在完成交收后才可以转出。

第三,涨跌幅限制。交易所对股票交易实行价格涨跌幅限制,除了特殊规定的情况外,主板、中小板的涨跌幅限制为10%。股票的涨跌幅价格的计算公式为:涨跌幅价格=前收盘价×(1±涨跌幅比例),计算结果按照四舍五入原则取至价格最小变动单位。2020年6月之前,创业板在核准制下的日内交易涨跌幅限制是10%。2020年6月之后,创业板实行注册制,其日内交易涨跌幅限制为20%。

2. 科创板的交易制度

科创板的交易制度做了如下三点创新。

第一,引入盘后固定价格。科创板引入盘后固定价格交易,这是交易系统在收盘集合竞价结束后,既按时间顺序又按当天收盘价进行申报撮合的一种交易方式。其交易时间为每个交易日的15:05—15:30,停牌的股票除外。收盘定价申报当日有效且单笔申报数量200股至100万股(包含200股)。余额不足200股的部分应当一次性申报卖出。盘后固定价格交易量、成交金额在交易完成结束后计入该股票当日总成交量、总成交金额。除了科创板引入盘后固定价格交易机制,其他板块并没有引入。

第二,涨跌幅限制。竞价交易下的科创板将价格上涨与下跌幅度限制比例放宽。企业上市后的前5日没有上涨与下跌的幅度限制,这在一定程度上借鉴了美国纳斯达克市场,纳斯达克市场对涨跌幅度不设限制。5日之后的日内交易涨跌幅限制为20%。

第三，申报数量和价格。科创板交易规则规定，申报限价买卖的，单笔申报数量为200股至10万股；申报市价买卖的，一笔的申报股数在200股至5万股之间。单笔申报的股数不再要求是100股及其整倍数，另外最小变动单位也可以根据股价不同进行设置，以此来拉近股价较低的股票的买卖价格，让市场更加灵活。

（二）交易日历

A股的交易从1990年开始。1990年12月19日，上交所主板开板；1991年1月4日，深交所主板开板；2004年5月27日，中小板开板；2009年10月30日，创业板开板；2019年6月13日，科创板开板。

在运行过程中，周一至周五为交易日，周六、周日交易所休市。除此之外，交易所在春节在内的法定节假日期间也会休市。如上交所公布的2019年休市安排包括元旦、春节、清明节、劳动节、端午节、中秋节和国庆节。需要注意的是，我国春节休市时间可持续7天，通常发生于1月份或2月份，这导致所在月份交易日低于平均水平。

我们采用Wind数据库的交易日历文件对每个月的交易天数进行统计。A股从1990年12月到2020年12月底，每个月的总交易天数如图7-4所示。由于中国的双休日和法定节假日不交易，这

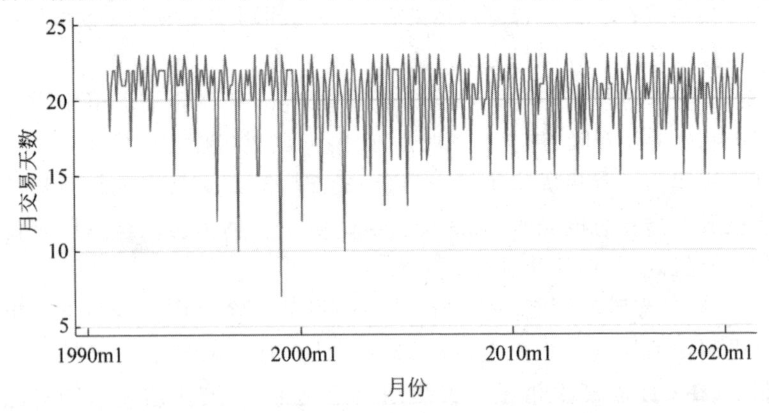

图7-4　中国A股从1991年1月到2020年12月每月交易天数

导致21年期间每个月交易日均值为20.17天，一共有7个月存在交易日少于15天的情况，分别是：199702，10天；199902，7天；200002，12天；200101，14天；200202，10天；200401，13天；200502，13天。

（三）交易费用

交易者在参与股票二级市场交易时，需要向开户的券商机构支付交易佣金、印花税和沪市股票的过户费三类费用（表7-6）。其中交易佣金的费率由券商规定，部分券商会对每笔交易的最低佣金进行规定。

表7-6　交易费用

费用类别	费率/%	双向/单向	备　注
交易佣金	0.025～0.03	双向收取	不足5元按5元收取
印花税	0.1	卖出收取	2008年9月19日前为双向收取
过户费	0.002	双向收取	仅沪市股票收取

其中，印花税是专门针对股票交易发生额征收的税种，自设立以来发生过7次调整，具体调整时间及税率如表7-7所示。

表7-7　印花税率调整情况

调整时间	印花税率调整为/%
1991-10-10	0.6
1997-05-10	0.5
1998-06-12	0.4
2001-11-16	0.2
2005-01-24	0.1
2007-05-30	0.3
2008-04-24	0.1

（四）股息红利税金

我国投资者在持有和交易股票过程中，因价格变动产生的收益不需要缴纳个人所得税。根据《财政部 国家税务总局关于个人转让股票所得继续暂免征收个人所得税的通知》(财税字〔1998〕61号)的规定,“为了配合企业改制,促进股票市场的稳健发展,经报国务院批准,从1997年1月1日起,对个人转让上市公司股票取得的所得继续暂免征收个人所得税。”

财政部、国家税务总局和证监会多次出台政策文件对股息红利税进行调整。最近一次调整是2015年9月,财政部、国家税务总局和证监会发布了《财政部 国家税务总局 证监会关于上市公司股息红利差别化个人所得税政策有关问题的通知》(财税〔2015〕101号)。对分红的纳税规定调整为:第一,个人从公开发行和转让市场取得的上市公司股票,持股期限超过1年的,股息红利所得暂免征收个人所得税。第二,个人从公开发行和转让市场取得的上市公司股票,持股期限在1个月以内(含1个月)的,其股息红利所得全额计入应纳税所得额;持股期限在1个月以上至1年(含1年)的,暂减按50%计入应纳税所得额。第三,上市公司派发股息红利时,对个人持股1年以内(含1年)的,上市公司暂不扣缴个人所得税;待个人转让股票时,证券登记结算公司根据其持股期限计算应纳税额,由证券公司等股份托管机构从个人资金账户中扣收并划付证券登记结算公司。

综上所述,在现行规定下,投资者通过持有上市公司流通股取得的股息红利,在缴纳个人所得税时分为以下三种情况:第一,持股期超过1年的,税率为0;第二,持股期在1个月以上至1年(含1年)的,税率为10%,在转让股票时缴纳;第三,持股期在1个月以内(含1个月)的,税率为20%,在转让股票时缴纳。

(五)特别处理/风险警示板

ST股票,最初是指被“特别处理”(special treatment)的股票,是我国股票市场特有的制度。根据1998年1月1日施行的《上海证券交易所股票上市规则》和《深圳证券交易所股票上市规则》中的规定,交易所将对财务状况或其他状况出现异常的上市公司股票进行特别处理。2012年,交易所对上市公司股票的退市制度进行完善,上交所发布《关于完善上海证券交易所上市公司退市制度的方案》,提出建立风险警示板,将被退市风险警示的公司股票及其他重大风险公司的股票安排在风险警示板中集中交易。

目前,交易所将被冠以ST和*ST的股票定义为,被实施风险警示的股票。根据交易所的规定,上市公司出现财务状况异常情况或者其他异常情况,导致其股票存在被终止上市的风险,或者投资者难以判断公司前景,投资者权益可能受到损害,存在其他重大风险的,交易所对该公司股票实施风险警示。其中,上市公司股票被实施退市风险警示的,在公司股票简称前冠以“*ST”字样;上市公司股票被实施其他风险警示的,在公司股票简称前冠以“ST”字样,以区别于其他股票。

上交所和深交所对于退市风险警示股票(*ST)确认及后续暂停上市、强制退市等流程进行了详尽规定。而其他风险警示的情况则包括:经营活动受到严重影响且预计在3个月内不能恢复正常;主要银行账号被冻结;董事会会议无法正常召开并形成决议等。交易所对风险警示股票的交易规则进行了特殊规定,包括:第一,风险警示股票价格的涨跌幅限制为5%,但A股前收盘价格低于0.1元人民币的,其涨跌幅限制为0.01元人民币。第二,风险警示股票盘中换手率达到或超过30%的,属于异常波动,交易所可以根据市场需要,对其实施盘中临时停牌,停牌时间持续至当日14:57。换手率的计算公式为:换手率=成交量/当日实际流通量。第三,投资者当日通过竞价交易和大宗交易累计买入的单只风险警示股票,数量不得超过50万股。

2020年12月,深交所发布《深圳证券交易所创业板股票上市规则》,对创业板风险警示制度做了调整。主板、中小板市场对存在退市风险的公司采取退市风险警示制度(即*ST制度)和其他风险警示制度(即ST制度),提前对有风险的上市企业标志风险警示,提升投资者的风险意识。但是为了区别主板、中小板与创业板,新退市制度不再实施风险警示制度，而是要求创业板公司每周一次披露退市风险公告，来保护风险公司股票的投资者。

（六）停复牌制度

为保障股票市场价格稳定机制的有效运行，沪深交易所在1998年相继推出停复牌制度。停牌是指证券交易所应发行人申请或基于特定情况自主决定，临时性停止股票交易。复牌是指股票停牌后，待停牌相关事由消除后，由证券交易所对所停止交易的股票恢复交易。

我国上市公司停牌原因多是以法律法规等明文规定的情形为主，多数停牌原因有明确的停牌条件、停牌期限规定。停牌原因主要有：第一，上市公司有重要信息尚未发布或即将发布，或出现重大信息被泄露影响股票价格；第二，上市公司自身出现需要有关机关予以审查的违法行为；第三，股票市场波动或其他重大非正常事件等。我国A股上市公司停牌一般分为重大资产重组停牌和其他停牌情形等。

2018年11月6日，证监会发布《关于完善上市公司股票停复牌制度的指导意见》，对股票停复牌制度做了进一步完善。停复牌指引从减少停牌类型、压缩停牌期限、严格申请程序和强化停复牌监管四个方面予以规范。停牌制度修订前后的可申请停牌类型和停牌时间对比如表7-8所示。

表7-8 停牌制度修订前后的可申请停牌类型和停牌时间对比

停牌事项	修 订 前	修 订 后
可申请停牌类型	1. 筹划重大资产重组； 2. 筹划非公开发行； 3. 上交所：重大合同、控制权变更、须提交股东大会审议的购买或出售资产、对外投资等； 4. 深交所：控制权变更、购买或出售资产、对外投资事项、签订重大合同或战略性建议	1. 筹划涉及股份发行的重大资产重组； 2. 上交所：要约收购、控制权变更、股权激励、员工持股计划、信息泄露后的停牌核查、重大风险事项、破产重组； 3. 深交所：控制权变更、要约收购等事项、信息披露后的停牌核查、重大风险事项、破产重组

续表

停牌时间规定		
停牌事项	修订前	修订后
涉及发行股份的重大资产重组	上交所最长停牌时间为5个月，深交所最长停牌时间为6个月	停牌不得超过10个交易日。国家有关部门另有规定相关事项的停复牌时间的，原则上连续停牌也不得超过25个交易日。涉及重大国家战略项目、国家军事机密等事项，如果对停复牌时间另有规定的，遵守其规定
变更控制权、要约收购等重大事项	原则上，一般不应超过10个交易日，最长不超过1个月	原则上不允许停牌，确实需停牌的，最长不超过5个交易日
重大事项泄露，出现重大风险，或市场出现重大影响传闻，公司股价发生大幅波动	无明确规定	可以在上市公司及其相关方未能及时澄清时，申请停牌核查，核实期限为5个交易日内，后披露澄清公告，申请复牌
破产重整期间	无明确规定	原则上不允许停牌，确实需停牌的，不得超过5个交易日

上市公司完成停牌后，需要按照规则在指定时间进行复牌，有以下几种情形：第一，完成停牌后在复牌交易日9:30进行复牌，其交易方式与正常开盘的股票相同，按照交易规则采取开放式竞价的方式复牌。第二，完成停牌后在复牌交易日10:30进行复牌，在完成集合竞价恢复交易后，标的股票直接进入连续交易系统开始竞价挂牌。第三，在上交所发生的盘中临时停牌，股票以封闭集合竞价复牌，复牌完成后进入连续交易系统挂牌。第四，在深交所发生的盘中临时停牌，由于每个交易日均进行收盘的集合竞价，所以在14:57之前复牌的股票进行封闭式集合竞价，而在14:57之后复牌的股票采用开放式集合竞价。

我国A股2003年至2020年期间，每个交易日平均有215只个股停牌，每日停牌个股数量如图7-5所示。2004年至2006年，平均每日停牌个股数量呈逐年上升趋势，2007年至2009年，每日停牌数量有所下降,2010 年至 2013 年,平均每日停牌数量稳定在 100 只左右。2015 年“股灾”,平均每日停牌个股数量达到峰值,每天平均 453 家公司停牌。2016 年至 2018 年的平均每日停牌个股数量也均超过 200 家。在 2018 年停牌制度修订之后,停牌公司数量显著下降,2019 年和 2020 年平均每天停牌个股数量仅有 20 多只。

图 7-5　2003—2020 年 A 股每日停牌个股数量

三、退市制度

(一) 退市制度的发展历程

退市制度伴随我国股票发行制度从审批制到注册制的转变,其演变过程基本可以分为萌芽期、多元发展期和持续完善期。

1. 退市制度萌芽期(1999—2005 年)

我国退市制度首次在法律层面被予以规定,是在 1994 年施行的《中华人民共和国公司法》中,其规定了上市公司暂停上市和终止上市的规定。证监会于 2001 年 2 月 22 日发布了《亏损公司暂停上市和终止上市实施办法》,之后又于 2001 年 11 月 30 日在原有办法基础上加以修订，规定连续3年亏损的上市公司将暂停上市。我国上市公司退市制度正式开始推行。

2. 退市制度多元发展期(2006—2013年)

2006年1月1日，新证券法实施，明确规定连续亏损4年的公司将被终止上市。在此基础上，2006年5月沪深交易所对股票上市规则进行了修订，明确了交易所对于股票暂停上市和终止上市的审核权；并对退市标准进行了修订，将暂停上市公司是否进入终止上市的判断依据调整为法定期限内披露的"暂停上市后首个年度报告"。相应地，终止上市条件也确定为连续亏损4年。2006年11月，深交所发布《中小企业板股票暂停上市、终止上市特别规定》(以下简称《特别规定》)，于2007年1月1日正式施行。

2012年，沪深交易所发布了对股票退市制度的重要改革。2012年4月，深交所发布《深圳证券交易所创业板股票上市规则(2012年修订)》；2012年7月，沪深交易所发布了修订后的股票上市规则。新规则吸收了2006年的《特别规定》的内容，颁布后《特别规定》同时被废止。

2012年股票上市规则对于退市制度作出了四方面的重要改革：第一，新增了退市标准，如净资产为负值和营业收入持续过低，股票累计成交量过低和成交价格连续低于面值等。第二，完善了恢复上市的程序和条件，严格规定申请期间补充材料累计不得超过30个交易日，减少了股票"停而不退"的现象。第三，实施"退市整理期"制度，对终止上市的股票给予30个交易日的"退市整理期"，为投资者提供必要的交易机会。第四，完善退市后续安排，规定上市公司股票在终止上市后可进入场外市场交易；引入重新上市制度。

3. 退市制度持续完善期(2014年至今)

2014年2月，证监会出台《关于改革完善并严格实施上市公司退市制度的若干意见》进一步扩大退市范围，新增"主动退市"和"强制退市"。2018年7月，证监会对《关于修改〈关于改革完善并严格实施上市公司退市制度的若干意见〉的决定》征求意见，强调了违法行为的退市制度应当严格执行。

2018年11月，为进一步完善上市公司退市制度，上交所根据证监会《关于修改〈关于改革完善并严格实施上市公司退市制度的若干意见〉的决定》及《上海证券交易所股票上市规则(2018年11月修订)》，制定了《上海证券交易所上市公司重大违法强制退市实施办法》，规定了重大违法强制退市的实施标准和程序。2020年12月，为进一步完善退市标准，简化退市程序，加大退市监管力度，保护投资者权益，上交所发布了《上海证券交易所股票上市规则(2020年12月修订)》，与此同时深交所也推出了《深圳证券交易所交易规则(2020年12月修订)》，在这次修订中，设置了重大财务造假退市量化指标，体现对财务造假的零容忍。

2020年3月1日，修订后的新证券法正式实施。现行证券法及2020年12月上交所科创板上市规则均对科创板退市制度作出更新，在原先核准制退市规范基础上，更新了多项具体规定。现行证券法不再对退市的具体情形做规定，而是授权证券交易所自行规定。在该阶段，退市制度的规定得到细化和改进。

(二) 现行退市流程

1. A股退市流程(科创板除外)

目前我国A股上市公司股票终止上市主要分为退市风险警示、暂停上市、终止上市三个阶段，其具体流程与交易限制如表7-9所示。已终止上市的股票可以申请重新上市。

表7-9　A股退市流程与交易限制

退市整理期步骤	备　注
退市风险警示	股票前标*ST，涨跌幅限制在5%
恢复上市 & 强制终止上市	交易所达到上市交易条件，并提交恢复上市申请；暂停上市无法恢复上市，进入强制终止上市阶段
退市整理期	交易所作出终止上市决定后5个交易日届满，次一交易日，公司进入30个交易日的退市整理期，涨跌幅限制在10%以内，全天停牌的不计入交易日中。投资者可以在卖出期间买入账户要求资产不低于50万元，且有两年以上股票交易经验；自主申请退市的企业无须进入退市整理阶段

续表

退市整理期步骤	备　注
摘牌	退市整理期届满的5个交易日内摘牌
进入股转系统	摘牌之日起45个交易日内在转股系统挂牌转让，沪市进入全国小企业股份转让系统，深市进入全国中小企业股份转让系统
重新上市	退市股以后如满足相关条件，可以重新申请上市，但因重大违法事件退市的企业5年内不可进行申请

2. 科创板退市流程

科创板注册制下，对退市流程做了简化。在退市流程方面，《证券法》将具体的业务规则制定权下放至证券交易所，这使得交易所可以根据市场情况制定具体规则。科创板调整退市流程如下：第一，对于上市公司触及风险警示标准后，若风险未排除，则立即停止上市，进入退市程序；第二，科创板注册制下的退市程序没有给上市公司重新申请上市的机会，一旦终止上市，则永久失去上市资格，这点较之前更为严格；第三，科创板率先将退市整理期从30日调整为15日，进一步缩短了退市流程；第四，在暂停退市方面，目前科创板及主板均不再设置暂停上市。

（三）现行退市条件

1. 强制退市

核准制下强制退市有重大违法、交易类、财务类及规范类强制退市四类，科创板注册制延续了核准制下的四类强制退市类型，但科创板注册制的强制退市的退市条件与核准制下有些差异。表7-10为强制退市的类型及退市条件，可以看出科创板注册制下退市条件与核准制下退市条件有以下不同：第一，重大违法强制退市条件，科创板重大信息披露违法弱化了对企业盈利能力的明确要求，强调企业财务透明；退市程序细化裁判文书被撤销后的程序。第二，交易类强制退市条件，科创板降低了成交量要求，增加市值退市交易指标，增加“1元退市”规则。第三，财务类强制退市条件，科创板优化关于经营能力指标，并调整财务类退市风险警示标准。第四，规范类强制退市条件，科创板对信息披露违法具体情形作出规范，细化信息披露违规的具体情形。

表 7-10　强制退市的类型及退市条件

退市类型	核　准　制	注　册　制
重大违法强制退市	1. 包括欺诈、重大信息披露违法，其中重大信息披露违法包括“连续会计年度财务指标”； 2. 危害国家、公共安全等行为； 3. 对退市程序如信息披露、听证作出要求	1. 包括欺诈、重大信息披露违法，其中重大信息披露违法包括“相关财务指标”； 2. 危害国家公共安全等行为； 3. 退市整理期为 15 日； 4. 细化退市决定撤销以及重大违法司法裁判文书被撤销后程序
交易类强制退市	1. 包括连续 120 个交易日，成交量＜500 万股； 2. 包括连续 20 个交易日，每日收盘价＜股票面值； 3. 包括股东数量连续 20 个交易日，每日均＜2 000 人	1. 包括连续 120 个交易日，成交量＜200 万股； 2. 包括连续 20 个交易日，收盘价＜人民币 1 元； 3. 包括连续 20 个交易日，市值均＜3 亿元； 4. 包括股东数量连续 20 个交易日，每日均＜400 人
财务类强制退市	退市风险警示的适用情形包括： 1. 最近 2 个会计年度净利润连续为负； 2. 扣非净利润为负值且近一年营业收入低于 1 亿元； 3. 最近 1 个会计年度期末净资产为负； 4. 最近 1 个会计年度，会计师事务所出具的意见或审计报告为无法出示意见或否定的意见	退市风险警示条件： 1. 最近 1 个会计年度扣非净利润为负且最营业收入＜1 亿元； 2. 最近 1 个会计年度净资产为负。 3. 扣非净利润为负值的公司需要披露扣除情况，并由会计师事务所出具专项核查意见

续表

退市类型	核　准　制	注　册　制
规范类强制退市	1. 财务会计报告、年度/中期报告存在如重大错误、虚假记载、未按时披露； 2. 上市公司股权分布不符合上市条件； 3. 公司强制解散/重整/破产等情形	1. 信息披露或规范运作存在重大缺陷； 2. 拒不披露重大信息以及严重扰乱信息披露； 3. 半数以上董事无法保证公司所披露半年度报告或年度报告的真实性、准确性和完整性

2020年12月31日，沪深交易所发布新修订的股票上市规则，设置了重大财务造假退市量化指标，体现对财务造假的零容忍。将财务造假考察年限从3年减少为2年，造假金额合计数由10亿元降至5亿元，造假比例从100%降至50%，并新增营业收入造假指标，进一步从严收紧量化指标。根据重大违法强制退市规则，造假金额大、比例高的公司要退市，危害人民生命安全的公司要退市，在IPO、重组上市中财务造假构成欺诈发行的公司要退市，通过财务造假规避退市标准的公司也要退市。

2. *主动退市*

主动退市是指上市公司主动依其自身的意愿选择，在法定程序下主动从公开资本市场退市的行为。其核心要义在于上市公司的主动性，综合考虑诸多利益因素，基于自身意愿表达，符合法定程序的范围。

当前我国上市公司主动退市的情况主要有以下七种：第一，上市公司在履行完必要的决策程序后，主动向证券交易市场提出申请，撤回其股票在此交易市场的交易，并从此决定不再在此交易所交易。第二，上市公司在履行完必要的决策程序后，主动向证券交易场所提出申请，撤出其股票在该交易所的交易，同时申请在其他交易场所交易或者转让。第三，上市公司向所有股东提出回购全部或部分股份的要约，导致其总股本、股份分配等发生改变，不再符合上市条件要求，按照证券交易所的上市规则的规定进行主动退市。第四，上市公司股东向其他股东提出要约收购全部或部分股份的要约，导致公司总股本和股份分配发生改变，不再符合上市公司条件的，根据证券交易所的规定退市。第五，除了上市公司的股东外，其他购买者还可以向所有股东提出购买全部或部分股份的要约，从而导致公司总股本发生改变，并且股票的分配比例不再符合上市要求，应根据证券交易所的规定主动退市。第六，公司不再具备上市公司独立主体资格，因为新的合并或者吸收合并被撤销，其股票按照证券交易所的规定退市。第七，上市公司股东大会商讨决定解散其股票，股票应当按照证券交易所的规定退市交易。

（四）我国上市公司股票退市统计

如图 7-6 所示，截止到 2020 年 12 月，我国股票市场发生退市的股票共计 151 只。1999 年开始有第一家上市公司退市，2004—2007

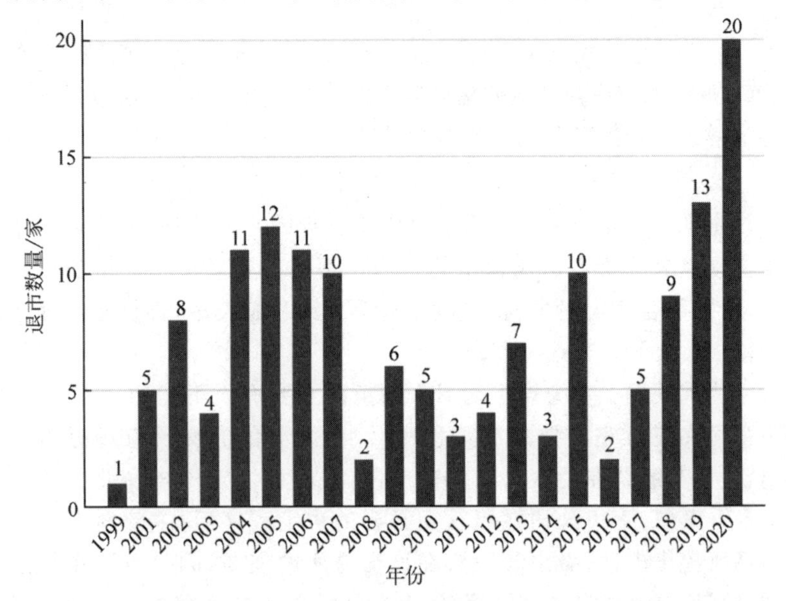

图 7-6　1999—2020 年 A 股市场退市公司数量

年这4年间，每年退市数量均不低于10家，之后的十多年直至2018年，每年退市数量不超过10家，2019年后退市数量开始增加，2019年退市13家，2020年退市20家。

第三节　中国股票市场特殊制度

一、股权分置改革

20世纪90年代初，受社会环境和人们认知的影响，上市公司发起人股东、控股股东或实际控制人股东的股份是不能流通的，其中国有股占到70%，导致在制度上人为地使股权处于流通股和非流通股两类股东的分置状态。

（一）股权分置改革背景与过程

股权分置是指A股市场上的上市公司股份按能否在证券交易所上市交易，被区分为流通股和非流通股。前者的主要成分为社会公众股；后者大多为国有股和法人股。股权分置是我国经济体制转轨过程中形成的特殊问题。股权分置现象的存在会影响市场的开放与定价功能。截至2004年，非流通股占上市公司总股本的64%，其中74%为国有股。

而股权分置改革，正是为了消除股份流通方面的差异，令非流通股可以上市交易，通过市场进行定价。

1. 准备阶段

1999—2002年，国务院曾尝试通过国内证券市场减持国有股，给股市造成较大震荡。2002年6月，国务院发出通知，停止通过国内证券市场减持国有股。2004年1月，国务院发布《国务院关于推进资本市场改革开放和稳定发展的若干意见》（《国九条》），承认中国股市存在股权分置问题，提出“积极稳妥解决股权分置问题”。

2. 试点阶段

2005年4月，证监会发布《关于上市公司股权分置改革试点有关问题的通知》,宣布启动股权分置改革试点工作。确立了"市场稳定发展、规则公平统一、方案协商选择、流通股东表决、实施分步有序"的操作原则,股权分置改革试点正式启动。2005年6月,上交所发布《关于上市公司股权分置改革实施后有关交易事项的通知》,上市公司股票凡遇股权分置改革实施后复牌,上交所均在行情显示该股票的汉字简称前冠以"G"标记,以提示投资者。复牌首日,该股票不做除权处理,交易价格不设涨跌幅限制。2005年8月,证监会、国资委等五部委联合颁布《关于上市公司股权分置改革的指导意见》,宣布改革试点工作已经顺利完成。

3. 全面推行

2005年9月,证监会发布《上市公司股权分置改革管理办法》,股权分置改革全面铺开。2006年10月,沪深股市取消对完成股改的股票冠以"G"股标识,现有"G"股恢复原有的股票简称;相反,所有未股改公司将被冠以"S"做提示。截至2006年10月底,沪深市股改公司总市值超过94%。2007年1月,深交所将未完成股权分置改革上市公司股票(其简称前冠以"S"标记的股票)的涨跌幅比例统一调整为5%,并比照ST、*ST股票实行相同的交易信息披露制度,自2007年1月8日起正式实施。2007年12月,已完成股改或进入股改程序的公司总市值占比达到98%,股权分置改革基本完成。

(二) 股权分置改革对二级交易的影响

1. 股票停牌

股权分置改革过程中,上市公司应制定合理的股权分置改革方案,方案须得到股东大会投票通过,并由交易所批准。因此,上市公司在宣布股权分置改革方案前应对流通股东进行股权登记,并宣布停牌。在股东大会形成决议后,执行股改,或对股改方案进行修订。在此期间股票可以复牌交易。因此,上市公司进行股权分置改革过程中可能出现多次停复牌(图7-7)。

2. 配股与转增

股权分置改革方案中,"对价"是一个关键环节,即非流通股股

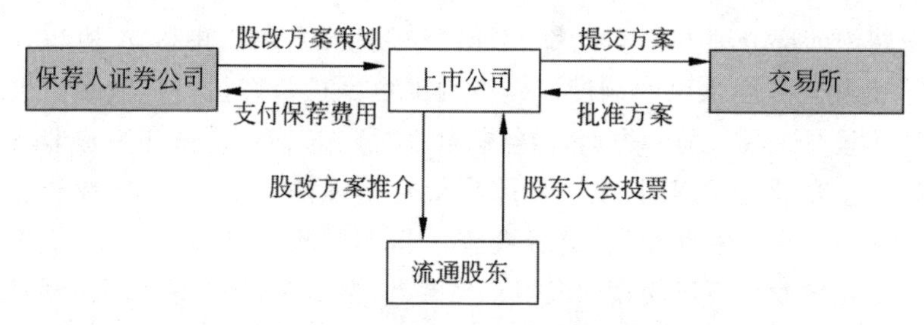

图 7-7　股权分置改革方案图示

东为取得流通权，向流通股股东支付相应的代价(对价)，对价可以采用股票、现金等其他共同认可的形式。因此股权分置改革执行过程中，往往伴随配股与转增事件，需要对收益率数据进行复权调整。

3. 涨跌停限制

2005 年 6 月，《关于上市公司股权分置改革实施后有关交易事项的通知》规定，上市公司股权分置改革后，股票复牌的首个交易日不设涨跌幅限制；2007 年 1 月，上交所规定，对没有完成股权分置改革的股票施行 5％的涨跌幅度限制。

二、融资融券制度

融资交易，也称杠杆交易，是指投资者提供一定数量的保证金，由证券公司为投资者垫付部分交易资金以供其购买证券，由投资者在约定期限内偿还同等数量的资金，并支付一定利息的证券交易方式。融券交易，也称卖空交易，是指投资者提供一定数量的保证金，由证券公司向投资者出借一定数量的证券以供其卖出，而由投资者在约定期限内偿还同等数量证券，并支付一定费用的证券交易方式。

融券制度是中国股票市场的主要做空制度，做空制度也是一把双刃剑。一方面，做空制度允许做空投资者在股票价格大幅偏离基本面市场过热时，进行卖空交易来抑制市场投机行为，使得股票价格更加理性。做空制度允许投资者在观测到股票价格脱离基本面时，在市场上卖出股票份额，为市场提供流动性。这种流动性的供给能够改善股票的定价效率，从而达到抑制股票泡沫的目的。因此全球绝大部分证券交易所都允许做空制度的存在，中国A股也在2010年正式引入融券制度。做空制度也是投资者进行风险敞口管理的重要工具。另一方面，做空制度在“股灾”期间的破坏力也非常惊人。在“股灾”期间，当市场股票价格非理性下跌时，做空投资者能够通过卖出股票获利，这样会进一步加剧股票价格的下跌，最终可能导致股票市场崩盘的发生。事实上，发生在1929年10月29日的美国证券史上最大的“股灾”——美国股市大崩盘，或许是金融世界遭受过的最大灾难，而这个“股灾”背后，做空制度就是一个重要的推动力量。

我国融资融券业务试点的交易机制如图7-8所示。我国在设计融资融券制度时，引入了信托机制，信用账户中的资金或证券的性质被规定为信托。将信托机制引入融资融券业务，是我国的一项制度创新。因此，在我国融资融券的特定制度设计之下，信托法成为调整融资融券关系的基本法。[①] 2019年8月，证监会指导沪深交易所修订的《融资融券交易实施细则》[②]正式出台，同时指导交易所进一步扩大融资融券标的范围，对融资融券交易机制作出较大幅度优化。

我国融资融券业务始于2010年。2010年3月，融资融券交易试点启动；上交所、深交所于2010年3月31日接受交易申报；2012年5月，ETF被纳入融资融券交易；2015年8月，融券的$T+0$制度转为$T+1$制度；2015年“股灾”期间，多家券商在监管指引下暂停了融券业务。

沪深交易所将按照从严到宽、从少到多、逐步扩大的原则，调整并披露融资融券标的证券名单。2010—2020年融资融券标的数量如图7-9所示。2010年仅有85家，2013—2018年数量增长不明显，2019年和2020年融资融券标的数量显著增加，截至2020年12月底，A股中融资融券标的数量已达到1 936家。

---

① 引自上海证券交易所、中国社科院法学所联合研究课题报告。

② 具体规定见 http://www.gov.cn/xinwen/2019-08/11/content_5420450.htm。

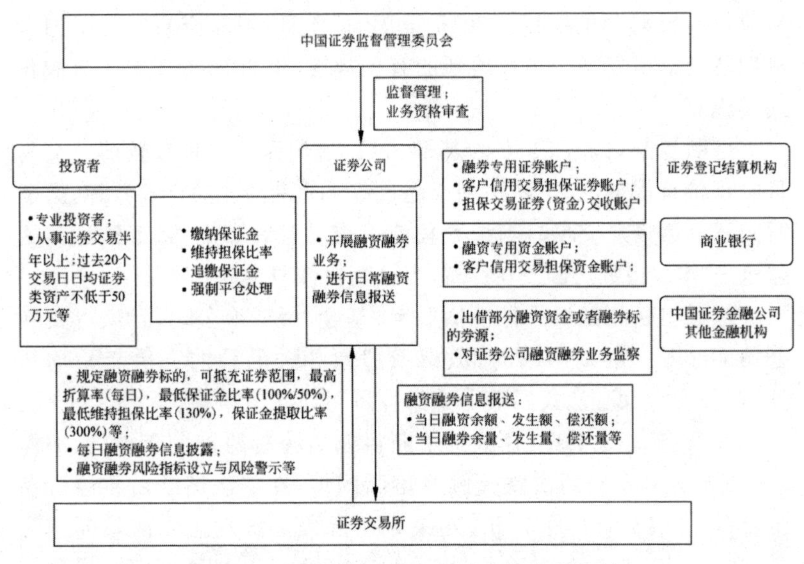

图 7-8　我国融资融券业务试点的交易机制

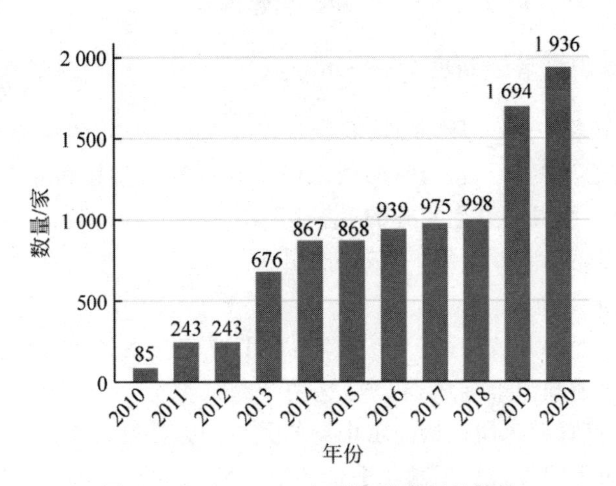

图 7-9　2010—2020 年融资融券标的数量

三、熔断机制

熔断机制是指当价格波动幅度达到某一阈值时，将有关证券交易暂停一段时间的制度。2015年12月4日，沪深交易所与中国金融期货交易所发布了指数熔断的有关规定，于2016年1月1日起正式实施。

熔断机制以沪深300为基准指数，当沪深300指数较前一交易日收盘价首次上涨、下跌达到或超过5%时，指数熔断15分钟，熔断时间届满后恢复交易。当指数较前一交易日收盘上涨、下跌达到或超过7%时，指数熔断至15:00，当日不再恢复交易。

指数熔断的证券品种包括股票、基金、可转换公司债券、可交换公司债券等。触发熔断时，股票及股票相关品种的竞价交易均暂停，新股发行、配股、投票等非交易业务可以正常申报。

2016年1月4日，也就是熔断机制实施后的首个交易日，沪深300指数在当日内两次跌幅触及熔断阈值，在二次熔断后暂停交易至收盘。2016年1月7日，沪深300指数再次发生二次熔断。当日，交易所宣布，经证监会批准于2016年1月8日暂停实施指数熔断机制。2016年1月8日，熔断机制暂停。

四、沪深港通制度

早于2007年8月20日，我国就以滨海新区试点为目标，建立了“港股直通车”。但是，当时的内地股市存在法律监督和股东教育等问题，而3个月后开始实施的“港股直通车”在2007年11月无限期地被推迟，直到2013年，才被再次引入。

1. 沪港通

沪港通的开放测试于2014年11月17日正式开始，沪港通主要包含沪股通和沪市港股通(沪)这两个组成部分。沪港通正式启动的那天，投资者热情地接受了市场的关注和大力投资支持，130亿元以上人民币的日交易配额几乎全部被用尽。2020年，通过沪股通和沪市港股通实现的交易额分别为90 358.58亿元和29 546.42亿元(图7-10)。

2. 深港通

深港通的筹备时间约为两年，早在2014年8月26日，深港通就

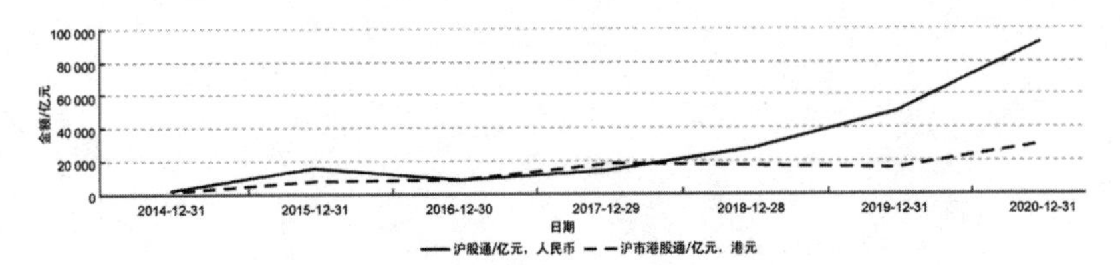

图 7-10 沪股通和沪市港股通的交易额统计

资料来源：Wind。

已提交审批。随着 2015 年 1 月上旬 A 股大型公开牛市的到来，QFII 和 RQFII(人民币合格境外机构投资者)迅速扩大了 A 股的规模，而 A 股几乎已被纳入上海-香港的其他主要国际指数。

深港通本来即将正式上线并启动，然而因 2015 年 7 月来临的“股灾”，证监会将其工作重点精力都转向救市，更严格的审计标准也相继出台，A 股投资收益预期大幅下降，深港通的正式启动也被相应地推迟。最初，国务院批复同意深港通于 2015 年 8 月开始施行，深交所也宣布了具体的实施方案。但是经过一年的调整，深港通才有下一步的进展。

深港通于 2016 年 12 月 5 日正式测试运营。2020 年，深股通、深市港股通的交易量分别为 120 527.37 亿元和 25 534.40 亿元(图 7-11)。

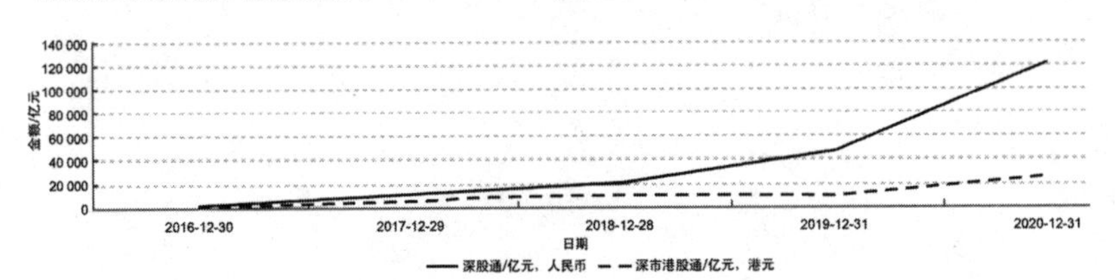

图 7-11 深股通和深市港股通的交易额统计

资料来源：Wind。

第八章

为机器学习模型准备数据

第一节 数据来源与样本选择

本书使用的股票收益率、股本和财务报表数据均来源于 Wind 金融数据库。本书选取的数据时间是 1997 年 1 月至 2020 年 12 月，虽然上交所在 1991 年就有交易记录了，但是 1996 年底上交所决定对证券交易方式进行重大调整，其中包括设定日内交易的涨跌幅限制为 10%。鉴于这个交易规则对股票收益率存在系统性影响，所以本书研究选取的数据从 1997 年 1 月开始。

本书以上海、深圳两市上市并交易的 A 股为研究对象。A 股包括上海、深圳两市以人民币计价交易的所有股票，具体有上海主板股票（600 开头）、深圳主板股票（000 开头）、深圳中小板股票（002 开头）、深圳创业板股票（300 开头）。为了保证数据库数据的准确性，我们还会结合国泰安数据库的相同指标，对 Wind 数据库的数据完整性和准确性进行对比研究，尽量减少由于数据错误导致的模型构建失败问题。本书使用的股票收益率数据为考虑现金股利投资的股票月度收益率。本书使用的 FF3 因子和 FF5 因子来源于国泰安数据库，无风险收益率数据为一年定期存款利率的月度收益率，数据来源于国泰安数据库。

30 多年时间里，中国的股票市场制度从无到与国际接轨，几乎走完了西方发达国家股票市场 200 多年的发展历程，经历了多变的制度变迁。很多重大的股票市场制度可能会导致微观金融市场结构的变迁。例如，中国股票发行曾实行审核制，由于证监会对股票 IPO 定价审核有着明确的规定，不可以超过 23 倍的发行市盈率，这就导致了中国股票市场存在 IPO 抑价问题（Lee et al.，2019）。这些外生政策扭曲的非市场定价行为会导致股票收益率价格的异常，需要在数据清洗的步骤剔除。除此之外，还有壳资源、ST 制度、股权分置改革和暂停上市等特殊的制度规定也会导致股票收益率不符合正常的市场定价规律，导致股票收益率产生异常，这都需要细致清洗。

为了解决以上问题，本书参考 Liu 等(2019)的处理方式，在原始样本中剔除了以下五种特殊的股票：①被特别处理的股票[ST、*ST、PT(particular transfer，特别转让)]；②过去 12 个月交易日小于 120 天的股票；③过去一个月小于当月总交易天数 75%的股票[①]；④30%市值最小的股票(市值用收盘价乘以总股本计算)；⑤最后一个交易日换仓时停牌或一字涨停等无法交易的股票。

第二节　股票收益率数据分析

一、描述性统计

表 8-1 为 1997 年 1 月到 2020 年 12 月年度 A 股日度收益率描述性统计。从 1997 年 1 月至 2020 年 12 月的累计观测值为 12 214 522 个。从表 8-1 可以看出，收益率中位数在 0 附近波动，标准差的数值较小；在大部分年份，偏度和峰度的数据均较大，说明收益率数据是有偏的。

二、缺失值和异常值分析

样本期间的股票收益率有效的样本数如图 8-1 所示，其中下面部分阴影面积内的为有效样本数量，总面积内的为全部样本数量。平均每个交易日有 4.93% 的股票收益率缺失，75% 分位数为 7.39%，最大值 51.85%(由 2015 年“股灾”期间千股停牌导致)。会有以下两种情况导致数据缺失：股票停牌和股票暂停上市(很少)。如果一只股票当月完全停牌，将会被直接删除。

① 这个条件与原文稍有不同，原文为剔除当月交易天数少于 15 天的。

表 8-1　1997 年 1 月到 2020 年 12 月年度 A 股日度收益率描述性统计

%

年份	最小值	中位数	最大值	均值	标准差	偏度	峰度	观测值
1997	−19.57	0.00	3 385	0.47	18.48	101.93	13 342.85	154 082
1998	−45.27	−0.05	3 857	0.23	17.35	159.57	29 599.97	190 692
1999	−15.67	−0.06	3 095	0.17	8.06	279.92	105 059.90	208 164
2000	−25.85	0.05	476.77	0.32	5.00	35.52	2 130.49	232 285
2001	−31.77	0.00	1 788.89	−0.04	5.55	185.07	52 474.89	262 891
2002	−62.46	−0.10	1 356.25	−0.04	4.28	135.09	38 104.91	273 171
2003	−12.35	−0.07	227.99	−0.04	2.37	15.12	899.81	294 416
2004	−30.86	0.00	324.89	−0.04	2.92	15.55	1 074.88	316 876
2005	−34.16	0.00	179.52	−0.04	2.79	2.23	111.64	325 983
2006	−34.77	0.00	345.71	0.30	3.31	12.19	856.51	324 750
2007	−29.93	0.34	1 227.84	0.58	7.04	58.58	7 171.00	347 256
2008	−68.73	0.00	1 550.00	−0.26	5.54	67.58	16 891.20	379 515
2009	−22.23	0.36	2 065.29	0.43	5.54	168.16	55 129.39	387 796
2010	−12.41	0.08	374.48	0.10	3.40	15.44	1 107.26	445 189

续表

年份	最小值	中位数	最大值	均值	标准差	偏度	峰度	观测值
2011	−23.16	0.00	548.48	−0.12	2.81	20.68	3 166.50	529 135
2012	−26.33	0.00	1 009.52	0.04	3.12	80.96	22 659.87	581 398
2013	−14.87	0.00	511.09	0.11	2.82	15.10	2 386.90	586 043
2014	−10.50	0.00	149.01	0.19	2.65	1.80	41.55	619 129
2015	−10.22	0.00	985.85	0.35	4.81	18.86	3 508.82	664 389
2016	−10.14	0.00	44.09	0.04	3.14	0.76	14.63	703 254
2017	−28.94	0.00	44.12	0.01	2.59	2.97	48.11	797 622
2018	−27.88	0.00	44.14	−0.13	2.84	0.45	9.86	855 621
2019	−27.19	0.00	400.15	0.13	3.09	13.00	1 112.40	888 356
2020	−31.73	0.00	1 061.42	0.13	4.94	56.60	7 367.86	948 758
全部	−96.62	0.00	38 300	0.12	13.63	2 037.22	5 377 926	12 214 522

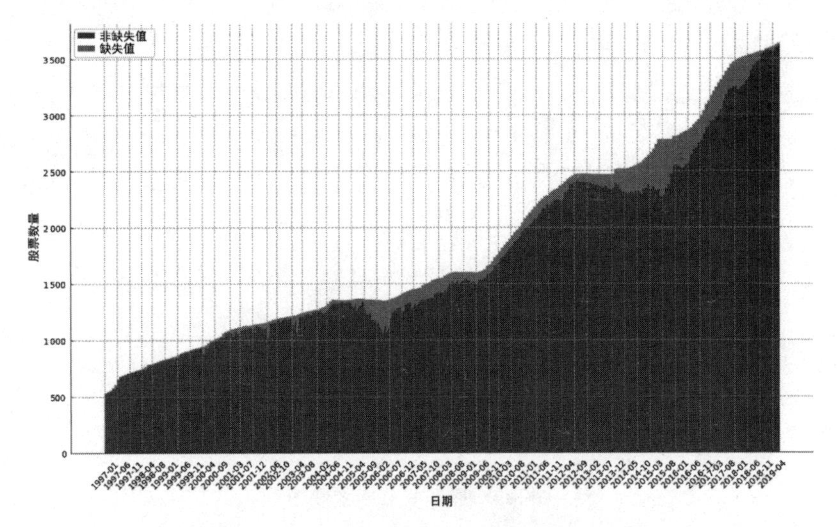

图 8-1　样本期间的股票收益率有效的样本数

从图 8-2 可以看出,1991—1996 年的收益率大致呈正态分布,而 1997—2020 年的收益率在－10%、－5%、5%、10%等几个特殊的节点会有异常值,因为 1996 年底上交所决定对证券交易方式进行重大调整,其中包括:设定日内交易的涨跌幅限制为 10%,对于特殊处理的 ST 类公司的日内交易涨跌幅限制为 5%。从图 8-3 可以看出,收益率大于 10%的样本有 3 594 个,2006 年的异常样本数量是最多的。从图 8-4 可以看出,收益率小于 10%的样本有 390 个,2006 年的异常值也是最多的。

造成以上股票收益率缺失值和异常值的原因有股票停牌、股票暂停上市等。

(1) 借壳上市首日无涨跌停板限制。例如,广弘控股(000529),2006 年 4 月 28 日开始停牌,2009 年 9 月 11 日借*ST 雅美上市,首日涨幅 836.78%;华数传媒(000156),借*ST 嘉瑞上市,2006 年 3 月 31 日开始停牌,2012 年 10 月 19 日复牌,首日涨幅 1 053.6%。

(2) 重大资产重组复牌首日无涨跌停板限制。例如,长航凤凰(000520),2013 年 12 月 26 日开始停牌,进行重大资产重组,2015 年

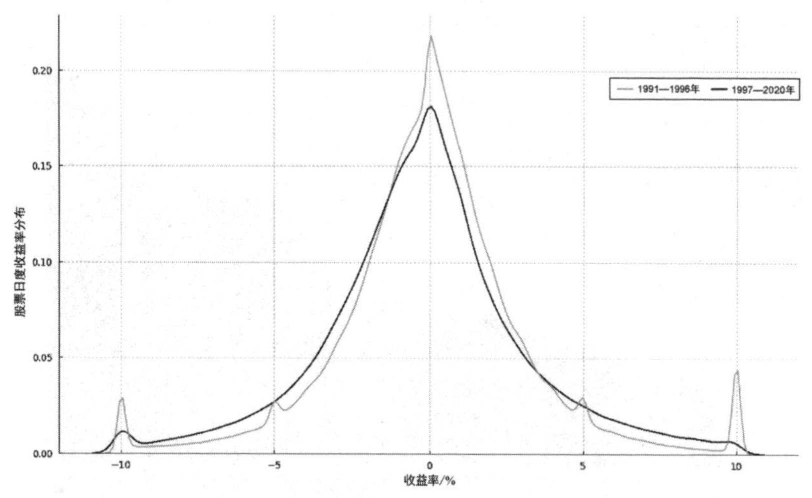

图 8-2 股票收益率密度图

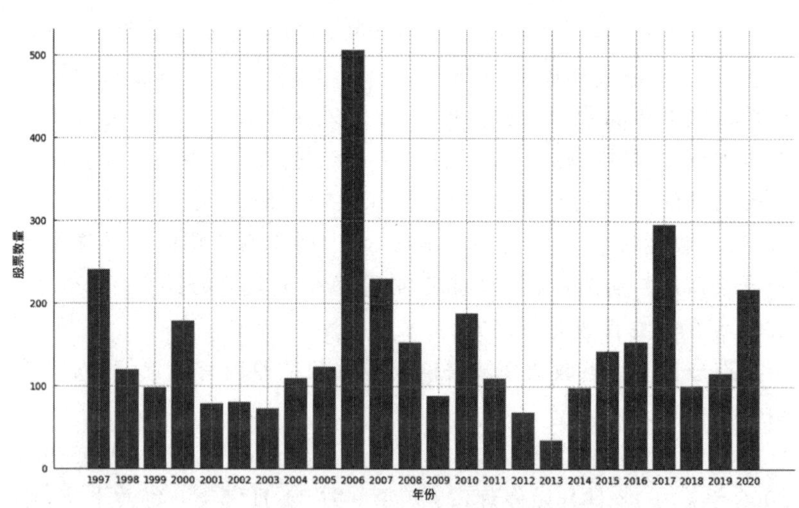

图 8-3 收益率大于10%的样本

12月28日复牌，首日无涨跌停板，上涨737.94%。

(3) 股权分置改革恢复上市日。例如，金融街(000402)，2006年3月15日停牌，2006年4月5日，北京金融街建设集团(以下简

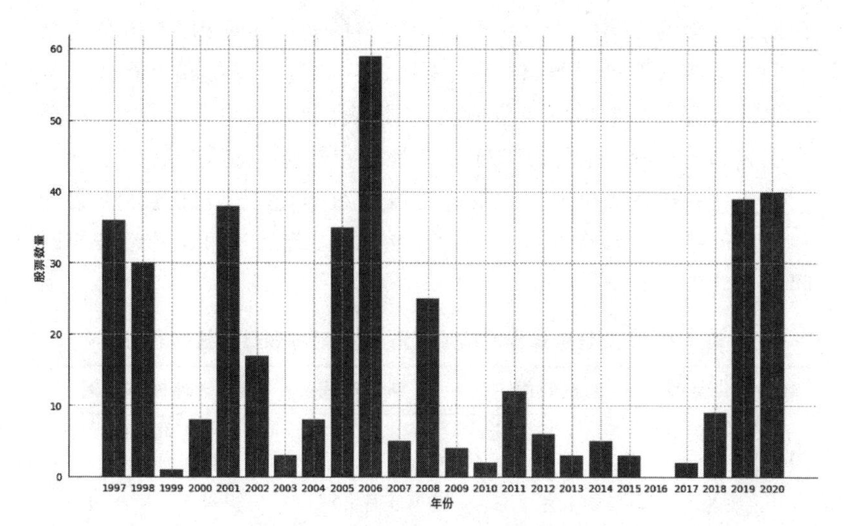

图 8-4　收益率小于 10%的样本

称"金融街集团")持有的非流通股股份性质变更为有限售条件的流通股,首日上涨 34.77%。当日公司流通股股票不计算除权参考价、不设涨跌幅限制、不纳入指数计算,流通股股东每持有 10 股流通股将获得该公司唯一的非流通股股东金融街集团支付的 2.1 股对价股份。

(4) 暂停上市到恢复上市首日无涨跌停板。例如,*ST 金城(000820),2008 年、2009 年和 2010 年连续 3 年亏损,2011 年 4 月 21 日被暂停上市,2013 年 4 月 26 日恢复上市,公司股票首日上涨 67.37%。

(5) 超过跌停板的还会有 PT 的股票。例如,PT 中浩 A(000015),2001 年 2 月 9 日跌了 23.09%,2001 年 2 月 23 日跌了 18.18%。

第三节　财务数据处理

财务数据就是与公司财务有关的数据,反映企业一定期间的经营成果和财务状况变动,数据来源通常为上市公司的财务报告。我国上市公司的会计年度定义为:起始日期是每年的 1 月 1 日,结束日期为每年的12月31日。在一个完整的会计年度内，上市公司会定期公布四次财务报告，包括一季报、半年报、三季报和年报。财务报告的内容主要包括资产负债表、利润表、现金流量表、所有者权益变动表和附注等，其中资产负债表是时点数据，披露信息的基准为上年年报；利润表和现金流量表是区间数据，披露信息的基准为上年同期的报告。四次财务报告的起始时间、结束时间和最晚披露时间如表8-2所示。

表8-2　四次财务报告的起始时间、结束时间和最晚披露时间

财务报告类型	起始时间	结束时间	最晚披露时间
一季报	当年1月1日	当年3月31日	当年4月30日
半年报	当年1月1日	当年6月30日	当年8月31日
三季报	当年1月1日	当年9月30日	当年10月31日
年报	当年1月1日	当年12月31日	次年4月30日

本书在数据处理过程中，使用的财务报表是合并财务报表。合并财务报表，是指反映母公司和其全部子公司所形成的企业集团的整体财务状况、经营成果和现金流量的财务报表，由母公司负责编制。合并财务报表反映作为经济主体的集团(母公司和子公司)合并的会计信息，而母公司报表则仅仅提供作为法律主体的母公司自身的会计信息。合并财务报表包括合并资产负债表、合并利润表、合并现金流量表、合并所有者权益变动表及报表附注。

上市公司披露的财务报告有时会出现信息修正或更正的情况，因此处理财务数据时，有三种可采用的数据处理方式：第一，不考虑调整和更正，只使用第一次披露的信息，优点是不会引入未来数据，缺点是无法反映调整、更正后的数据；第二，全部采用调整、更正后的数据，缺点是会引入未来数据；第三，对于每项财务指标，使用数据分析的当前时点可获得的最新数据(point-in-time 原则)。在实证资产定价的研究中，为了避免在股票收益率预测分析的历史回测中利用未来数据的可能，本书统一采用第三种财务数据处理的方式，即利用当前时点能够获得的最新数据，这样就能够最大限度地避免利用未来数据，同时能够兼顾在某些时点内某些信息调整与修正的情况。

本书使用的公司财务报表数据来自 Wind 和 CSMAR。资产负债表和利润表的数据开始于 1990 年，现金流量表的数据开始于 1997 年。2002 年以前，财务报表每年或每半年报告一次。2002 年以后，每季度报告一次。为了在整篇论文中保持数据结构的一致性，我们将年度(12 月)和半年度(6 月)数据按以下方式转换为季度数据：在 2002 年以前，对于 12 月公布的年度收入和现金流量表，我们计算季度数据时，将 6 月和 12 月数据之间的差额减半。对于 6 月的半年度数据，我们将季度数据计算为半年度数据的一半。对于资产负债表、利润表和现金流量表的数据，我们沿用最近的季度数据来补充 3 月和 9 月缺失的季度数据。

第四节 数据预处理步骤

使用机器学习算法进行建模分析前，需要对数据进行预处理，目的是将原始数据处理成更适合建模的数据。数据预处理包括数据清洗、数据转换等步骤，其中数据清洗包括缺失值处理、异常值处理和标准化处理等。

一、缺失值处理

由于某些原因，采集到的原始数据中经常存在数据缺失的现象。处理缺失值需要非常小心，应该根据数据缺失的具体情况进行分别处理。

1. 由于特殊事件导致的缺失问题，应该根据业务逻辑来填充

例如，如果是由于证券停牌导致的数据收益率和价格数据缺失，此时在填补数据收益率时，一般会填 0，因为当天证券没有交易，如果在停牌前就持有该股票，那么其收益率应该记为 0。而股票价格水平的数据(如当天的最高价、最低价、开盘价和收盘价)，应该按

前一个交易日的收盘价直接填充,因为股票的价格水平在停盘区间没有发生交易,也并不会变化,所以按照前一个交易的收盘价填充是合理的。

2. 横截面-中位数法填充

更加常见的填充方法为使用横截面-行业中位数来进行填充。以企业研发费用为例,在2018年以前,企业的研发费用作为财务报表附注的披露事项,上市公司没有被强制要求披露。此时公司的研发费用缺失,你无法判断这家公司研发费用到底是不是0,公司不披露,不代表这家公司没有研发支出,因为直接用0替代缺失值可能是不合适的。这个时候可以考虑使用这家公司可比的横截面-行业中位数来进行填充。

3. 时间序列线性补差填充

上面企业研发的例子中,另外一个可行的思路是,如果某家公司公布了前面若干个季度的研发数据,而本期没有公布,可以假设企业的研发费用在时间序列是线性关系,通过前几期的研发费用的数据,线性补差来填补缺失值。

4. 直接删除

若某个变量缺失值占比高于50%,数据质量无法保证,建议直接把该特征进行删除处理。

本书对于缺失值的处理:如果某观测值某月收益率缺失(如整月停牌),我们将删除该观测值。如果交易异象性特征值存在缺失,本书采用每个月在横截面生成该变量的中位数进行替换操作。

二、异常值处理

原始数据中有时会出现一些不合理的值,即异常值,也叫离群值或极端值。识别异常值的方法有:①对变量进行简单统计分析,根据对数据的合理分布情况的掌握,查看哪些值是不合理的;②使用3δ原则判断异常值的存在,若数据服从正态分布,那么距离平均值3δ之外的概率为$P(|x-\mu|>3\delta)\leqslant 0.003$,这是小概率事件。因此,当样本值距离样本均值大于$3\delta$,可以判定样本为异常值。③使

用箱线图来判断是否存在异常值。箱线图包括几个特殊的点，最大值(Max)、最小值(Min)、中位数(M)、第三分位数(Q3)、第一分位数(Q1)，四分位距(IQR)＝Q3－Q1。若是某个值小于 Q1－1.5IQR 或大于 Q3＋1.5IQR，则被定义为异常值。

常见的处理异常值的方法有：①删除含有异常值的样本。②分位数缩尾处理，即对连续变量的上下 99％的分位数进行缩尾处理，根据研究需要，可以将 99％替换为其他，如 95％等，也可进行上或下的单边缩尾。③标准差法去异常值，即使用 3δ 原则，将样本值距离均值大于 3δ 的值删除。本书对于异常值的处理，是对连续变量的上下 99％的分位数进行缩尾处理。

三、标准化处理

在数据分析过程中，各数据指标往往具有不同的量级和数量级。为去除指标的单位限制，通常会将数据转化为无量纲的纯数值，便于不同单位或量级的指标能够进行比较和加权。为保证结果的可靠性，需要对原始指标数据进行标准化处理，即将数据按比例缩放，使其落入一个特定的区间。机器学习中常用的标准化方法有 z-score 标准化、min-max 标准化和 rank 标准化等。

1. z-score 标准化

最常见的标准化方法就是 z-score 标准化，也叫标准差标准化。这种方法基于原始数据的均值(mean)和标准差进行数据的标准化，新得到的数据的均值为 0，标准差为 1。z-score 标准化是对序列 x_1，x_2，…，x_n 进行如下变换：

$$y_i = \frac{x_i - \bar{x}}{s} \tag{8-1}$$

$$\bar{x} = \frac{1}{n}\sum_{i=1}^{n} x_i \tag{8-2}$$

$$s = \sqrt{\frac{1}{n-1}\sum_{i=1}^{n}(x_i - \bar{x})^2} \tag{8-3}$$

其中，新序列 y_1，y_2，…，y_n 的均值为 0，方差为 1，且无量纲。$\bar{x}$ 为

原始数据的均值，s 为原始数据的标准差。

在 Python 的实现中，使用 preproccessing 库的 StandardScaler 类对数据进行 z-score 标准化处理，其 Python 代码如下：

```python
from sklearn.preprocessing import StandardScaler
StandardScaler().fit_transform(raw_documents,y = None)
```

其中，raw_ducuments 代表原始的指标数据。返回的是 z-score 标准化处理后的数据。

2. min-max 标准化

min-max 标准化也叫离差标准化，是对原始数据的线性变换，使结果落到[0,1]区间。对序列 $x_1,x_2,\cdots,x_n$ 进行如下变换：

$$y_i=\frac{x_i-\min\limits_{1\leqslant j\leqslant n}\{x_j\}}{\max\limits_{1\leqslant j\leqslant n}\{x_j\}-\min\limits_{1\leqslant j\leqslant n}\{x_j\}} \tag{8-4}$$

其中，新序列 $y_1,y_2,\cdots,y_n\in[0,1]$ 且无量纲。$\max\limits_{1\leqslant j\leqslant n}\{x_j\}$ 为样本数据的最大值，$\min\limits_{1\leqslant j\leqslant n}\{x_j\}$ 为样本数据的最小值。这种方法的缺陷就是当有新数据加入时，可能导致 max 和 min 的变化，需要重新定义。

在 Python 的实现中，使用 preproccessing 库的 MinMaxScaler 类对数据进行 min-max 标准化处理，其 Python 代码如下：

```python
from sklearn.preprocessing import MinMaxScaler
MinMaxScaler().fit_transform(raw_documents,y = None)
```

其中，raw_ducuments 代表原始的指标数据。返回的是 min-max 标准化处理后的数据。

3. rank 标准化

rank 标准化也称向量归一化，是指通过用原始数据中的每个值除以所有数据之和进行数据的标准化。对正项序列 $x_1,x_2,\cdots,x_n$

进行如下变换：

$$y_i = \frac{x_i}{\sum_{i=1}^{n} x_i} \tag{8-5}$$

其中，新序列 $y_1, y_2, \cdots, y_n$ 是标准化后的数据，无量纲，且 $\sum_{i=1}^{n} y_i = 1$。$\sum_{i=1}^{n} x_i$ 代表原始数据的所有数据之和。该方法是针对全部数据为正值的序列，因此在分析中并不是特别常用。

在 Python 的实现中，可先求出原始数据之和，然后进行 rank 标准化，其 Python 代码如下：

```python
import math
import numpy as np
def rank_normalization(data_list):
    normalized_list = []
    sum = np.sum(data_list)
for data in data_list:
    new_data = float(data) / sum
    normalized_list.append(round(new_data,3))
return normalized_list
```

其中，data_list 代表原始的指标数据。返回值 normalized_list 代表的是 rank 标准化处理后的数据。

4. 本书采用的标准化方法

本书采用横截面排序标准化算法进行原始数据的标准化处理。对于构建好的交易异象性特征 $x_1, x_2, \cdots, x_n$，使用式(8-6)进行数据的标准化处理：

$$y_i = \frac{2}{N+1}\text{CSrank}(x_i) - 1 \tag{8-6}$$

其中，$y_1, y_2, \cdots, y_n$ 代表标准化过后的交易异象性特征；x_i 代表标准化前的交易异象性特征；CSrank 代表每个月横截面排序函数；N

代表本月上市公司数。通过使用该横截面排序算法可以将所有指标值缩放到[－1,1]的值内，使用该标准化方法有以下三点好处：①移除不同财务指标或公司特征的量纲差异，使得不同财务指标横向可比；②移除财务指标或公司特征数据异常值给模型带来的影响；③移除量纲的差异能大大加快一些机器学习算法的收敛速度。

第五节 实证中使用的股票特征变量构造介绍

除了上面提到的股票特征之外，在文献中还有很多其他常见的用于构建股票异象性因子的特征，Hou、Qiao 和 Zhang(2021)在工作论文 *Finding Anomalies in China* 中梳理了400多个中国股票市场的异象性特征，这些股票特征对股票预测收益率的影响机制大部分都有严谨的学术论文作为支持。参考该工作论文，本节对里面一些重要的股票特征进行了解释和说明，后续也将会在本书的实证部分使用到这些股票特征。本书所有异象性特征共有113个，可以分为六大类：①波动率(风险)类，如贝塔值、波动率等，共计33个；②流动性类，如企业规模、交易换手率、Amihud 非流动性等，共计23个；③动量类，如前11个月动量、前6个月动量、动量变化、动量残差等，共计13个；④盈利类，如净资产收益率、毛利率、资产增长率等，共计17个；⑤价值类，如年度累计的分红与价格比率等，共计8个；⑥其他类，如公司年龄和收入惊喜等，共计19个。

需要说明的是，这里面绝大部分因子都是沿用美国股票异象性因子，原因在于，中国股票市场建立了完整的交易制度，因此部分美国股票市场的经济规律在中国也许也是成立的，如规模和价值因子的规律在中国依然成立(Liu et al.,2019)，巴菲特价值投资策略在中国股票市场依然适用(胡熠 等,2018)。然而，中国作为发展中国家，其股票市场机制依然处于不断完善的阶段，自然会与发达国家成熟的股票市场不同。此外中国股票市场还有着很多特殊的规章制度，如IPO、涨跌停板、$T+1$等，这些特殊的规章制度也会对中国股票预期收益率产生影响。这也导致很多在美国文献中非常显著的预测因子，如动量因子（Asness et al.，2013）、投资因子（Li et al.，2010）等在中国股票市场可能不显著。以下内容中，括号内的英文代表在本书中对该特征变量的简称。

一、流动性类

1. 企业规模（facap、tacap）

Banz（1981）提出了美国股票收益中规模效应的证据，即企业规模与股票收益之间的负相关关系。Fama 和 French（1992）证实公司规模与股票收益呈负相关关系。根据 Liu、Stambaugh 和 Yuan（2019）的研究，公司规模等于收盘价（不复权价格）乘以 A 股总数。本书分别使用了总市值（tacap）和流通市值（facap）作为企业规模特征的代理变量。

2. 交易换手率（turn1、turn6、turn12）

根据 Datar、Naik 和 Radcliffe（1998）的研究，我们将股票之前 k 个月（$k=1$，6 和 12）的每日交易换手率的平均值作为股票的交易换手率（turn）。每日交易换手率是指某一天的交易量除以当天的流通股数。在中国，流通股是指流通股 A 股。

3. 交易换手率的变化（vturn1、vturn6、vturn12）

Chordia、Subrahmanyam 和 Anshuman（2001）显示股票收益与交易量和换手率的变化以及交易量或换手率水平之间呈负的横截面关系。根据 Chordia、Subrahmanyam 和 Anshuman（2001）的研究，我们用之前 k 个月（$k=1$，6，12）的日换手率的标准差来衡量交易换手率的变化（vturn）。我们要求在之前 k 个月至少有 75％交易日有非零交易量的交易记录。

4. 股票交易换手率的变动系数（cvturn1）

根据 Chordia、Subrahmanyam 和 Anshuman（2001）的研究，我们计算了一只股票 1 个月的交易换手率的变动系数（cvturn），作为标准偏差与之前 k 个月（$k=1$）的每日交易换手率的均值的比值。我们要求在之前 k 个月至少有 75％交易日有非零交易量的交易记录。

5. 一个月的异常换手率(abturn)

根据 Liu、Stambaugh 和 Yuan (2019)的研究,我们将月平均每日换手率与过去一年 $t-11$ 月到 t 月期间的平均换手率的比值作为一个月的异常换手率。我们要求在之前 k 个月至少有 75%交易日有非零交易量的交易记录。

6. 交易量(dtv1,dtv6,dtv12)

根据 Brennan、Chordia 和 Subrahmanyam(1998)的研究,我们计算了一只股票的交易量(dtv),在每个月末 t,作为之前 k 个月($k=1,6,12$)的每日交易量的平均值。我们要求在之前 k 个月至少有 75%交易日有非零交易量的交易记录。

7. 交易量的波动率(vdtv1,vdtv6 和 vdtv12)

根据 Chordia、Subrahmanyam 和 Anshuman(2001)的研究,我们测量了股票 t 月之前 k 个月($k=1,6,12$)的每日股票换手率的标准差,作为股票交易量的波动率(vdtv)。我们要求在之前 k 个月至少有 75%交易日有非零交易量的交易记录。

8. 交易量的变异系数(cvd1)

根据 Chordia、Subrahmanyam 和 Anshuman(2001)的研究,我们测量了一只股票交易量的变异系数(cvd)。计算方法是采用标准偏差与之前 k 个月($k=1$)的每日交易量均值的比值。

9. Amihud 非流动性(绝对收益率比成交量)(Ami1、Ami6 和 Ami12)

Amihud(2002)表明,预期的市场非流动性对事前股票超额收益有正面影响。根据 Amihud(2002)的研究,我们测量了 Amihud 非流动性(Ami),计算方法是采用之前 k 个月($k=1,6,12$)的绝对每日股票收益与每日交易量之比的平均值。

10. 日均交易量为零的标准化成交调整数(lm1、lm6、lm12)

Liu(2006)研究发现,经换手率调整后的日均交易量为零的标准化成交调整数(lm)与股票收益呈正相关关系。按照 Liu(2006)的方法,将之前 k 个月的日均交易量为零的标准化成交调整数 lm 计算为

$$\mathrm{lm}^x = \left[\text{Number of volumes} < 150\,000 \text{ in prior } x \text{ months} + \frac{\frac{1}{k\text{-month turnover}}}{\text{Deflator}}\right] \frac{21x}{\text{NoTD}} \tag{8-7}$$

其中，k-month turnover 为前 k 个月（$k=1$、6、12）的日成交量之和除以流通股本。turover 日换手率是指某一天交易的股票数量除以流通股本。NoTD 是过去 k 个月的总交易日数。Deflator 代表平减指数，其中每个月对所有样本股票取最大值。$\max\left\{\frac{1}{k\text{-month Turnover}}\right\}+1$ 平减指数的选择确保所有股票的[1/（k 个月成交量）]/平减指数在 0 到 1 之间。由于中国部分股票停牌天数较多，我们对该变量的构造方法进行了调整，将之前 k 个月股票交易量为 0 的条件，替换成了之前 k 个月股票交易数量少于 15 万股。

二、风险类

1. 基于 CH3 的特定波动率（idvff1，idvff6，idvff12）

Ang、Hodrick、Xing 和 Zhang（2006）发现特定波动率与股票收益之间存在负相关关系。根据 Ang、Hodrick、Xing 和 Zhang（2006）的研究，我们计算了基于中国三因素模型（CH3）的特定波动率（idvff），这是指在前 k（$k=1$、6、12）个月期间，将股票的每日超额收益回归于 CH3 因子上，所得的残差的标准差。CH3 因子来自 Liu、Stambaugh 和 Yuan（2019）。

2. 基于 CAPM 的特定波动率（idvc1，idvc6，idvc12）

我们计算基于 CAPM 的特质波动率（idvc），即前 k（$k=1$、6、12）个月期间，将股票的每日超额收益回归于市场的每日市值加权平均超额收益率，所得残差的标准差。市场的超额收益率是用过去一年 Wind 全 A 指数的收益减去一年期存款利率。

3. 总波动率（tv1，tv6，tv12）

根据 Ang、Hodrick、Xing 和 Zhang（2006）的研究，我们将股票在前

k(k=1、6、12)个月期间的每日收益的标准差计算为总波动率(tv)。

4. 基于CH3因子模型的特质偏度(idsff1,idsff6,idsff12)

Boyer、Mitton和Vorkink(2010)发现预期的特质偏斜度与收益负相关。我们计算基于CH3因子的特质偏度(idsff),即前k(k=1、6、12)个月期间,将股票每日超额收益回归于CH3因子所得残差的偏差。

5. 基于CAPM的特质偏度(idsc1,idsc6,idsc12)

我们计算基于CAPM的特质偏度(idsc),即前k(k=1、6、12)个月期间将股票的每日超额收益回归于市场的每日市值加权平均超额收益率,所得残差的偏差。市场的超额收益率是用过去一年Wind全A指数的收益减去一年期存款利率。

6. 总偏度(ts1,ts6,ts12)

Amaya、Christoffersen、Jacobs和Vasquez(2015)发现已实现的偏度与下周的股票收益之间呈现负相关。他们使用前k(k=1、6、12)个月期间日内高频回报来计算已实现的偏度。根据Hou、Xue和Zhang(2019)的研究,我们计算股票的每日回报的偏态t作为总偏度(ts)。

7. 协偏度(cs1,cs6,cs12)

Harvey和Siddique(2000)发现系统性协偏度会带来风险溢价。他们认为动量效应与系统偏态有关。低预期回报动量投资组合的偏度高于高预期回报动量投资组合。根据Harvey和Siddique(2000)的研究,我们计算了协偏度cs:

$$\mathrm{cs}=\frac{E[\varepsilon_i,\varepsilon_m^2]}{\sqrt{E[\varepsilon_i^2]}E[\varepsilon_m^2]} \tag{8-8}$$

其中,ε_i是回归股票超额收益对超额市场收益的残差,ε_m是市场收益的残差。在每个t月的月底,我们估计了t月前k(k=1、6、12)个月期间的每日股票收益的协偏度cs。

8. 月收益下的市场贝塔值(β_{m60})

CAPM表明,市场贝塔值应与股票收益呈正相关关系。市场贝塔值是股票收益对市场收益的敏感性,$\beta_t=\dfrac{\mathrm{cov}(r_i,r_m)}{\mathrm{var}(r_m)}$,其中$r_m$为市场指数超额收益，即中国A股股票的价值加权超额回报。根据Fama和MacBeth(1973)的研究，我们用从$t-59$月到t月的月收益数据来测算β_{m60}。

9. 日收益下的市场贝塔值($\beta_1,\beta_6,\beta_{12}$)

在t月底，我们用从$t-k$月($k=1$、6、12)到t月的日收益数据来测算贝塔值。我们要求在之前12个月至少有75%交易日有非零交易量的交易记录。

10. 下行风险($\beta_1^-,\beta_6^-,\beta_{12}^-$)

Ang、Chen和Xing(2006)发现下行风险可以提高贝塔值和收益间的正相关性。根据Ang、Chen和Xing(2006)的研究，我们计算了下行风险β^-：

$$\beta^-=\frac{\mathrm{Cov}(r_i,r_m \mid r_m<\mu_m)}{\mathrm{Var}(r_m \mid r_m<\mu_m)} \tag{8-9}$$

式中，r_i和r_m分别为股票和市场的超额收益，μ_m为市场超额收益的平均值。在t月底，我们用从$t-k$月($k=1$、6、12)到t月的日收益数据来测算下行风险，并且仅使用符合$r_m<\mu_m$条件的日度数据。

11. Frazzini-Pedersen贝塔值(β_{FP})

根据Frazzini和Pedersen(2014)的研究，我们测算了一只股票的Frazzini-Pedersen贝塔值，$\beta_{FP}=\hat{\rho}\,\frac{\hat{\sigma}_i}{\hat{\sigma}_m}\hat{\sigma}_i\hat{\sigma}_m\hat{\rho}$，其中，$\hat{\sigma}_i$和$\hat{\sigma}_m$分别是估计的股票收益和市场收益的标准差，$\hat{\rho}$是股票和市场回报相关性。测算收益波动率时，我们计算一年滚动窗口内每日收益的对数的标准差(要求一年内至少有75%交易日有非零交易量的交易记录)。测算收益相关性时，我们计算5年滚动窗口内3日交叉收益的对数的标准差(要求5年内至少有75%的交易日有非零交易量的交易记录)，$r_{i,t}^{3d}=\sum_{k=0}^{2}\log(1+R_{t+k}^{i})$。

12. Dimson贝塔值($\beta_{DM1},\beta_{DM6},\beta_{DM12}$)

根据Dimson(1979)的研究，我们在估算市场贝塔值β_{DM}时，使用超前、滞后以及同期的市场收益，计算方法如下：

$$r_{id}-r_{fd}=\alpha_i+\beta_{i1}(r_{md-1}-r_{fd-1})+\beta_{i2}(r_{md}-r_{fd})+\beta_{i3}(r_{md+1}-r_{fd+1})+\varepsilon_{id} \quad (8\text{-}10)$$

其中，r_{id} 为股票 i 第 d 天的收益，r_{md} 为价值加权市场第 d 天的收益，r_{fd} 为无风险利率（一年期存款利率）。股票 i 的 Dimson 贝塔值，$\beta_{\mathrm{DM}}=\hat{\beta}_{i1}+\hat{\beta}_{i2}+\hat{\beta}_{i3}$。在每个 t 月末，我们用 t 月前 k（$k=1$、6、12）个月期间的每日股票来估计 β_{DM}。

13. 尾部风险（tail）

根据 Kelly 和 Jiang（2014）的研究，我们估计了常见的尾部风险：

$$\lambda_t=\frac{1}{K_t}\sum_{k=1}^{K_t}\log\left(\frac{R_{kt}}{\mu_t}\right) \quad (8\text{-}11)$$

其中，μ_t 为第 t 个月所有日收益率的第 5 个百分位；R_{kt} 为低于 μ_t 的第 k 个日收益率；K_t 为低于 μ_t 的日收益率的总数。尾部风险（tail），是在最近 120 个月从 $t-120$ 月到 t 月回归股票的月度超额回报对滞后 1 个月的共同尾部风险的斜率。

三、动量类（过去的收益率）

1. 前 k 个月动量（mom11，mom9，mom6，mom3）

根据 Jegadeesh 和 Titman（1993）的研究，我们将 t 月的前 k 个月动量估计为从 $t-k+1$ 月到 t 月（$k=3$、6、9 和 11）的 k 个月累积日收益。

2. 前 24 个月动量（mom24）

根据 Jegadeesh 和 Titman（1993）的研究，我们将 t 月的 24 个月动量（mom24）估计为从 $t-23$ 月到 t 月的 24 个月累计每日收益。

3. 动量变化（mchg）

根据 Gettleman 和 Marks（2006）的研究，我们估计了 t 月动量变化（mchg），计算方法为用从 $t-5$ 月到 $t-6$ 月的累计日收益减去从 $t-11$ 月到 $t-6$ 月的累计日收益。

4. 短期反转（mom1）

Jegadeesh（1990）发现上个月的月收益与下个月的股票月收益呈负相关。短期反转是 t 月的月收益。

5. 长期反转(mom48)

根据 De Bondt 和 Thaler(1985)的研究，t 月的长期反转(mom48)计算为从 $t-47$ 月到 t 月($k=48$)的累积每日收益。

6. k 个月剩余动量(imom11,imom6)

Blitz、Huij 和 Martens(2011)发现剩余动量带来的风险调整后收益大约是总回报动量相关的收益的两倍。根据 Blitz、Huij 和 Martens(2011)的研究，k 个月剩余动量是将股票收益回归于 CH3 因子后的累积残差，回归样本时期为$[t-35,t]$，并按比例计算它们在同一时期的标准差($k=6$ 和 11)。为了减少估计的噪声，我们要求所有前 36 个月的月度收益数据都可用。

7. 52 周高点(wh52)

George 和 Hwang(2004)表明，股价最接近 52 周高点的公司比股价离 52 周高点最远的公司平均获得更高的经因素调整后的收益。在每个月末 t，我们估计 52 周高点，作为其在 t 月末的拆分调整后每股价格与其前一期间的最高(每日)拆分调整后每股价格的比率，计算区间是从 $t-11$ 月到 t 月期间。

8. 最大日收益率(mdr)

Bali、Cakici 和 Whitelaw(2011)表示，投资组合层面的分析和公司层面的横截面回归表明，过去一个月的最大每日回报与预期股票回报之间存在显著的负相关关系。由于中国 1996 年以后有每日 10%价格限制规则，我们根据 Bali、Brown、Murray 和 Tang(2017)的研究，将最大日回报率(mdr)定义为给定股票在给定月份的 5 个最高日回报率的平均值。

9. 股价(pr)

根据 Miller 和 Scholes(1982)的研究，股价(pr)，是在 t 月底观察到的。股价经过拆分和退市调整。

四、盈利类

1. 净资产收益率(roe)

Hou、Xue 和 Zhang(2015)认为，净资产收益率(roe)等于非经常性项目前的利润除以上一期的普通股股东权益。在每个月末 t，我们衡量 roe，将公司公布日期后最近一个会计季度的季度净收入减去非经常性损益的值，除以上一季度的股权账面价值。权益账面价值为股东权益总额减去优先股。

2. 净资产收益率的四季度变化(droe)

在每个月末，我们测算股本回报率的变化，将最近一个会计季度的股本回报率减去4个季度前的值。

3. 总资产收益率(roa)

根据 Balakrishnan、Bartov 和 Faurel(2010)的研究，我们测算总资产收益率(roa)，将季度净收入减去非经常性损益的值，除以上一季度的资产账面价值。

4. 总资产收益率的四季度变化(droa)

在每个月末，我们测算总资产回报率的变化，将最近一个会计季度的总资产回报率 roa 减去4个季度前的值。

5. 季度的净经营资产回报率，利润率和资产周转率(rnaq，pmq，ato)

Soliman(2008)将 roe 拆解为 roe＝rna＋flev×spread，其中 roe 是股本回报率，rna 是净经营资产收益率，flev 是财务杠杆，spread 是净经营资产回报与借款成本之间的差额。我们将 rna 进一步分解为 pm×ato，其中 pm 为利润率，ato 为资产周转率。

在每个月 t 的月末，我们将季度的净经营资产回报率(rnaq)衡量为最近一个会计季度的营业收入除以上一季度的净经营资产(noa)，净经营资产(noa)是经营资产减去经营负债。经营资产是总资产减去现金和短期投资，经营负债是总资产减去流动负债中的债务债表项目、长期债务、少数股东权益和普通股。pmq 衡量为最近一个会计季度的营业收入除以当期销售额。ato 衡量为最近一个会计季度的销售额除以上一季度的净营业资产。

6. 季度的资本周转率(ctq)

根据 Haugen 和 Berker(1996)的研究，在每个月末 t，我们衡量季度资本周转率，将公司公布日期后最近一个会计季度的季度销售额除以上一季度的总资产。

7. 季度的针对上一期资产的资产毛利(gplaq)

Novy-Marx(2013)发现,按资产毛利排序会产生异常的经基准调整的收益,盈利能力强的公司比盈利能力弱的公司拥有更高的回报率。根据 Novy-Marx (2013)的研究,在每个月末 t,我们衡量季度的针对上一期资产的资产毛利,将公司公布日期后最近一个会计季度的季度总收入减去销售商品成本除以上一季度的总资产。

8. 季度的针对上一期权益的权益营业毛利(opleq)

根据 Fama 和 French(2015)的研究,在每个月末 t,我们衡量季度的针对上一期权益的权益营业毛利 opleq,将公司公布日期后最近一个会计季度的季度总收入减去销货成本、销售费用、一般费用、管理费用和利息费用后的值,除以上一季度的股权账面价值。

9. 季度的营运利润与上一期资产的比值(oplaq)

根据 Ball、Gerakos、Linnainma 和 Nikolaev(2015)的研究,在每个月末 t,我们衡量季度的营运利润与上一期资产的比值(oplaq),将公司公布日期后最近一个会计季度的季度总收入减去销货成本、销售费用、一般费用、管理费用和利息费用后的值,除以上一季度的总资产。

10. 季度的应税收入与账面收入的比值(tbiq)

根据 Lev 和 Nissim(2004)的研究,在每个月末 t,我们衡量季度的应税收入与账面收入的比值(tbiq),将公司公布日期后最近一个会计季度的季度税前收入除以上一季度的净利润。

11. 季度的账面杠杆(blq)

根据 Fama 和 French(1992)的研究,在每个月末 t,我们衡量季度的账面杠杆(blq),将公司公布日期后最近一个会计季度的季度总资产除以上一季度的股权账面价值。

12. 季度销售增长(sgq)

Lakonishok、Shleifer 和 Vishny(1994)发现销售增长与股票回报呈负相关。在每个月末 t,我们衡量季度销售增长(sgq),将公司公布日期后最近一个会计季度的季度销售除以4个季度前的销售额。

13. 季度基础评分(fq)

Piotroski(2000)根据信号对未来股票价格和盈利能力的影响，将每个基本信号分为好或坏。特定信号的指标变量在其实现良好时为1，如果实现不良则为0。用 F_{score} 表示的集合信号是8个二进制信号的总和，旨在衡量公司财务状况的整体质量或实力。选择这8个基本信号来衡量公司财务状况的三个方面：盈利能力、流动性和运营效率。我们使用季度数据来衡量季度 F_{score}。

衡量盈利能力的4个变量是：①ROA是季度净收入减去非经常性损益，除以上季度的总资产。(如果企业的)ROA为正，则指标变量 F_{roa} 等于1，否则等于0。②Cf/A是季度的经营净现金流除以上一季度的总资产。如果公司的Cf/A为正，则指标变量 $F_{Cf/A}$ 等于1，否则为零。③dRoa是当年的Roa减去上一年的Roa。如果dRoa为正，则指标变量 F_{dROA} 为1，否则为0。④如果Cf/A>Roa，则指标变量 F_{Acc} 等于1，否则为0。

我们使用两个变量来衡量资本结构的变化和公司履行债务的能力：①d杠杆是季度的长期债务总额与当期和上一季度的总资产的平均比率的变化。F_{dLever} 为1，如果公司的杠杆率下降，即dLever<0，否则为0。②dLiquid衡量公司流动比率较上年的变化，其中流动比率是流动资产与流动负债的比率。流动性的改善(dLiquid>0)是关于公司偿还债务能力的良好信号。如果公司的流动性改善，则 $F_{dLiquid}$ 指标等于1，否则为0。

其余两个变量旨在衡量公司运营效率的变化，这些变化反映了资产回报率分解的两个关键结构：①dMargin是公司该季度的边际毛利率，以经营利润除以销售额，再减去四季度前的毛利率来衡量。毛利率的提高意味着要素成本的潜在改善、库存成本的降低或公司产品价格的上涨。如果dMargin>0，则指标 $F_{dMargin}$ 等于1，否则为零。②dTurn是公司当年度的边际资产周转率，计量方法为总销售额除以上一季度的总资产，再减去四季度前的资产周转率。资产周转率的提高意味着从资产基础上提高了生产率。如果 dTurn>0，则指标 F_{dTurn} 等于 1，否则等于 0。Piotroski(2000)将各个二进制信号的总和作为一个综合分数 F_{score}：

$$F_{score}=F_{roa}+F_{dRoa}+F_{Cf/A}+F_{Acc}+F_{dMargin}+F_{dTurn}+F_{dLever}+F_{dLiquid} \tag{8-12}$$

14. 季度 O-score (oq)

我们根据 Ohlson(1980)的研究，使用季度会计数据来构建 O-score：

$$oq=-1.32-0.407\log(TA)+6.03TLTA-1.43WCTA+0.076CLCA-1.72OENEG-2.37NITA-1.83FUTL+0.285IN_2-0.521CHIN \tag{8-13}$$

其中，TA 为总资产，TLTA 为负债总额除以总资产的杠杆比率，WCTA 为营运资本，以流动资产减去流动负债，再除以总资产计量。CLCA 是流动负债除以流动资产。如果总负债超过总资产，则 OENEG 为 1，否则为零。NITA 是净收入除以总资产。FUTL 是指经营提供的资金除以总负债。如果本季度和 4 个季度前的净利润为负，则 IN_2 为 1，否则为 0。CHIN 则通过下式计算得到：$(NI_s-NI_{s-1})/(|NI_s|+|NI_{s-1}|)$，其中 NI_s 和 NI_{s-1} 分别指本季度和 4 个季度前的净收入。

15. 季度 Z-score (zq)

我们根据 Altman(1968)使用季度会计数据构建 Z-score 如下：

$$zq=1.2WCTA+1.4RETA+3.3EBITTA+0.6METL+SALETA \tag{8-14}$$

其中，WCTA 是营运资本(资产负债表中流动资产－流动负债)除以总资产，RETA 是留存收益除以总资产，EBITTA 是利息和税收除以总资产，METL 是市场权益(在会计年度结束)除以总负债，SALETA 是销售除以总资产。

五、价值类

1. 季度的账面市值比(bmq)

Basu(1983)发现了账面市值效应：账面市值比与股票收益呈正

相关关系。季度的账面市值比为公司公布日期后最近一个会计季度的季度总股东权益减去优先股再除以每个月末 t 的市场市值。市场市值是未经调整的收盘价乘以总股数。

2. 季度的负债与市场市值的比值(dmq)

根据 Bhandari (1988)的研究,季度的负债与市场市值的比值(dmq)为公司公布日期后最近一个会计季度的季度总负债除以每个月末 t 的市场市值。市场市值是未经调整的收盘价乘以总股数。

3. 季度的总资产市值比(amq)

根据 Fama 和 French(1992)的研究,总资产市值比等于总资产除以市场市值。季度的总资产市值比(amq)为公司公布日期后最近一个会计季度的季度总资产除以每个月末 t 的市场市值。市场市值是未经调整的收盘价乘以总股数。

4. 季度的盈利价格比(epq)

根据 Liu、Stambaugh 和 Yuan(2019)的研究,季度的盈利价格比(epq)为公司公布日期后最近一个会计季度的季度净利润减去非经常性损益再除以每个月末 t 的市场市值。市场市值是未经调整的收盘价乘以总股数。

5. 季度的现金流价格比率(cfpq)

根据 Liu、Stambaugh 和 Yuan(2019)的研究,季度的现金流价格比率为公司公布日期后最近会计季度下的最近两期现金流量表的现金或现金等价物的净变化除以每个月末 t 的市场市值。

6. 季度销售价格比率(spq)

Barbee、Mukherji 和 Raines(1996)发现销售价格比与股票收益呈正相关关系。季度销售价格比率季等于企业季度营业收入除以每个月末 t 的市场市值。市场市值是未经调整的收盘价乘以总股数。

7. 季度的经营现金流与价格比率(ocfpq)

Desai、Rajgopal 和 Venkatachalam(2004)指出,价值(魅力)股票具有低(高)过去销售增长、高(低)账面市值比(B/M)、高(低)每股收益比(E/P)和高(低)现金流比(C/P)的特点,它们在未来获得正(负)的异常回报。根据Desai、Rajgopal和Venkatachalam(2004)的研究,我们将经营现金流与价格比率(ocfpq)衡量为在$t-1$年截止的会计年度的经营性现金流除以在$t-1$年12月底的市场市值。

8. 年度累计的分红与价格比率(dy_{12m})

年度累计的分红与价格比率等于公司过去12个月实际现金分红除以市场市值。

六、其他类

1. 季度资产投资(agq)

Cooper、Gulen和Schill (2008)发现,总资产增长越多的公司,其后续回报率就越低。我们用公司公布日期后最近一个会计季度的季度总资产除以4个季度前的总资产后减去1的值来衡量季度资产投资(agq)。

2. 季度的流动资产增长、非流动资产增长(cagq,ncagq)

总资产等于流动资产加上非流动资产。总资产增长可以分解为流动资产增长和非流动资产增长。我们衡量季度的流动资产增长(cagq)为季度流动资产减去4个季度前的流动资产的差除以4个季度前的总资产。我们衡量季度的非流动资产增长(ncagq)为季度非流动资产减去4个季度前的非流动资产的差除以4个季度前的总资产。

3. 季度的现金增长、固定资产增长、非现金流动资产增长、其他资产增长(cashgq,fagq,nccagq,oagq)

根据Cooper、Gulen和Schill(2008)的研究,资产增长分解如下:总资产增长=现金增长+非现金流动资产增长+财产、厂房和设备增长+其他资产增长。我们衡量季度的现金增长(cashgq)为季度现金减去4个季度前的现金的差除以4个季度前的总资产。我们衡量季度的固定资产增长(fagq)为季度固定资产减去4个季度前的固定资产的差除以4个季度前的总资产。我们衡量季度的非现金流动资产增长(nccagq)为季度流动资产减去现金后的年度变化除以4个季度前的总资产。其他资产等于非流动资产减去固定资产。我们衡量季度的其他资产增长(oagq)为季度其他资产的年度变化除以4个季度前的总资产。

4．季度的研发费用与市值比(rdmq)

根据Chan、Lakonishok和Sougiannis(2011)的研究，每个月t的月底，我们用公司公布日期后最近一个会计季度的季度研发费用除以市值来衡量季度的研发费用与市值比(rdmq)。我们只保留研发费用为正的公司。

5．季度的研发费用与销售比率(rdsq)

根据Chan、Lakonishok和Sougiannis(2011)的研究，每个月t的月底，我们用公司公布日期后最近一个会计季度的季度研发费用除以季度销售来衡量季度的研发费用与销售比率(rdsq)。我们只保留研发费用为正的公司。

6．季度的经营杠杆(olq)

根据Novy-Marx(2011)的研究，每个月t的月底，我们用公司公布日期后最近一个会计季度的季度经营成本除以总资产来衡量季度的季度经营杠杆(olq)。

7．公司年龄(age)

Jiang、Lee和Zhang(2005)发现年轻公司的回报低于老公司。根据Jiang、Lee和Zhang(2005)的研究，公司年龄(age)是从公司IPO日到投资组合形成日之间的月份数。

8．季度的有形性(tanq)

我们测量季度的有形性(tanq)方法如下：季度的现金持有＋0.715×应收账款＋0.547×存货＋0.535×房地产、厂房和设备，加总后除以总资产。由于没有房地产、厂房和设备(PPE)科目，我们将用固定资产作为房地产、厂房和设备的代表。

9．现金流波动率(vcf)

现金流量波动率(vcf)，是指过去16个季度(至少8个没有丢失的季度)的经营现金流量与销售额比率的标准差。

10．现金资产比率(cta)

Palazzo(2012)认为预期股权收益与现金持有(现金资产比率)

之间存在正相关关系。根据 Palazzo(2012)的研究，我们用公司公布日期后最近一个会计季度的现金和现金等价物除以总资产来衡量现金资产比率(cta)。

11. 季度资产流动性(alaq,almq)

我们将资产流动性衡量为：现金＋0.75×非现金流动资产＋0.50×有形固定资产。其中，现金包括现金和短期投资，非现金流动资产为流动资产减去现金，有形固定资产作为总资产减去流动资产、商誉和无形资产。alaq 是按滞后 1 季度的总资产衡量的资产流动性。almq 是按滞后 1 季度的资产市值衡量的资产流动性。资产的市场价值是总资产加市场权益减去账面权益。

12. 标准意外收益(sue)

根据 Foster、Olsen 和 Shevlin(1984)的研究，我们计算标准意外收益(sue)，即第 t 季度经拆分调整的季度每股收益与第 $t-4$ 季度价值的年度变化除以其变化的标准差从第 $t-7$ 季度到第 t 季度的前 8 个季度(至少需要 6 个季度)的季度收益。

13. 收入惊喜(rs)

根据 Jegadeesh 和 Livnat(2006)的研究，我们计算收入惊喜(rs)，即第 t 季度计算收入第 $t-4$ 季度价值的年度变化除以其变化的标准差从第 $t-7$ 季度到第 t 季度的前 8 个季度(至少需要 6 个季度)的季度收入。

14. 税费惊喜(tes)

Thomas 和 Zhang(2011)发现季节性差异的季度税收支出(税费惊喜的代表)与未来回报呈正相关。根据 Thomas 和 Zhang(2011)的研究，我们将税费惊喜(tes)衡量为从 $t-4$ 季度到 t 季度的总税收的年度百分比变化。

参考文献

胡熠，顾明，2018. 巴菲特的阿尔法：来自中国股票市场的实证研究[J]. 管理世界(8)：41-54.

ALTMAN E I,1968. Financial ratios,discriminant analysis and the prediction of corporate bankruptcy[J]. Journal of finance,23(4): 589-609.

AMAYA D, CHRISTOFFERSEN P, JACOBS K, et al., 2015. Does realized skewness predict the cross-section of equity returns? [J]. Journal of financial economics,118(1): 135-167.

AMIHUD Y,2002. Illiquidity and stock returns: cross-section and time-series effects[J]. Journal of financial markets,5: 31-56.

ANG A, CHEN J, XING Y H, 2006. Downside risk[J]. Review of financial studies,19(4): 1191-1239.

ANG A,HODRICK R J,XING Y H,et al.,2006. The cross-section of volatility and expected returns[J]. Journal of finance,61(1): 259-299.

BALAKRISHNAN K, BARTOV E, FAUREL L, 2010. Post loss/profit announcement drift[J]. Journal of accounting and economics,50: 20-41.

BALI T G, BROWN S J, MURRAY S, et al., 2017. A lottery-demand-based explanation of the beta anomaly[J]. Journal of financial and quantitative analysis,52(6): 2369-2397.

BALI T G,CAKICI N,WHITELAW R F,2011. Maxing out: stocks as lotteries and the cross-section of expected returns [J]. Journal of financial economics,99(2): 427-446.

BALL R, GERAKOS J, LINNAINMAA J, et al., 2015. Deflating profitability [J]. Journal of financial economics,117(2): 225-248.

BANZ R W,1981. The relationship between return and market value of common stocks[J]. Journal of financial economics,9(1): 3-18.

BARBEE W C, MUKHERJI S, RAINESG A, 1996. Do sales-price and debt-equity explain stock returns better than book-market and firm size? [J]. Financial analysts journal,52(2): 56-60.

BASU S, 1983. The relationship between earnings' yield, market value and return for NYSE common stocks: further evidence[J]. Journal of financial economics,12(1): 129-156.

BHANDARI L C,1988. Debt/equity ratio and expected common stock returns: empirical evidence[J]. Journal of finance,43(2): 507-528.

BLITZ D, HUIJ J, MARTENS M, 2011. Residual momentum[J]. Journal of empirical finance,18(3): 506-521.

BOYER B, MITTON T, VORKINK K, 2010. Expected idiosyncratic skewness [J]. Review of financial studies,23(1): 169-202.

BRENNAN M J, CHORDIA T, SUBRAHMANYAM A, 1998. Alternative factor specifications, security characteristics, and the cross-section of expected stock returns[J]. Journal of financial economics, 49(3): 345-373.

CHAN L K C, LAKONISHOK J, SOUGIANNIS T, 2011. The stock market valuation of research and development expenditures[J]. Journal of finance, 56: 2431-2456.

CHORDIA T, SUBRAHMANYAM A, ANSHUMAN V R, 2001. Trading activity and expected stock returns[J]. Journal of financial economics, 59(1): 3-32.

COOPER M J, GULEN H, SCHILL M J, 2008. Asset growth and the cross-section of stock returns[J]. Journal of finance, 63(4): 1609-1651.

DATAR V T, NAIK N Y, RADCLIFFE R, 1998. Liquidity and stock returns: an alternative test[J]. Journal of financial markets, 8(2): 203-219.

DE BONDT W F M, THALER R, 1985. Does the stock market overreact? [J]. Journal of finance, 40(3): 793-805.

DESAI H, RAJGOPAL S, VENKATACHALAM M, 2004. Value-glamour and accruals mispricing: one anomaly or two? [J]. Accounting review, 79(2): 355-385.

DIMSON E, 1979. Risk measurement when shares are subject to infrequent trading[J]. Journal of financial economics, 7(2): 197-226.

FAMA E F, FRENCH K R, 1992. The cross-section of expected stock returns [J]. Journal of finance, 47(2): 427-465.

FAMA E F, KENNETH R F, 2015. A five-factor asset pricing model[J]. Journal of financial economics, 116: 1-22.

FAMA E F, MACBETH J D, 1973. Risk, return, and equilibrium: empirical tests[J]. Journal of political economy, 81: 607-636.

FOSTER G, OLSEN C, SHEVLIN T, 1984. Earnings releases, anomalies, and the behavior of security returns[J]. Accounting review, 59: 574-603.

FRAZZINI A, PEDERSEN L H, 2014. Betting against beta [J]. Journal of financial economics, 111(1): 1-25.

GEORGE T J, HWANG C, 2004. The 52-week high and momentum investing [J]. Journal of finance, 59(5): 2145-2176.

GETTLEMAN E, MARKS J M, 2006. Acceleration strategies[R]. Working Paper.

HARVEY C R, SIDDIQUE A, 2000. Conditional skewness in asset pricing tests

[J]. Journal of finance,55(3): 1263-1295.

HAUGEN R A,BAKER N L, 1996. Commonality in the determinants of expected stock returns[J]. Journal of financial economics,41(3): 401-439.

HOU K, XUE C, ZHANG L, 2015. Digesting anomalies: an investment approach[J]. Review of financial studies,28(3): 650-705.

JEGADEESH N,1990. Evidence of predictable behavior of security returns[J]. Journal of finance,45(3): 881-898.

JEGADEESH N, LIVNAT J, 2006. Revenue surprises and stock returns[J]. Journal of accounting and economics,41(1-2): 147-171.

JEGADEESH N, TITMAN S, 1993. Returns to buying winners and selling losers: implications for stock market efficiency[J]. Journal of finance, 48 (1): 65-91.

JIANG G H, LEE C M C, ZHANG Y, 2005. Information uncertainty and expected returns[J]. Review of accounting studies,10: 185-221.

KELLY B,JIANG H,2014. Tail risk and asset prices[J]. The review of financial studies,27(10): 2841-2871.

LAKONISHOK J,SHLEIFER A,VISHNY R W,1994. Contrarian investment, extrapolation,and risk[J]. Journal of finance,49(5): 1541-1578.

LEV B,NISSIM D,2004. Taxable income,future earnings,and equity values[J]. Accounting review,79(4): 1039-1074.

LEE C M C, QU Y, SHEN T, 2019. Going public in china: reverse mergers versus ipos[J]. Journal of corporate finance,58: 92-111.

LIU W, 2006. A liquidity-augmented capital asset pricing model[J]. Journal of financial economics,82(3): 631-671.

LIU J,STAMBAUGH R F,YUAN Y,2019. Size and value in China[J]. Journal of financial economics,134: 48-69.

MILLER M H, SCHOLES M S, 1982. Dividends and taxes: some empirical evidence[J]. Journal of political economy,90: 1118-1141.

NOVY-MARX R,2011. Operating leverage[J]. Review of finance,15: 103-134.

NOVY-MARX R, 2013. The other side of value: the gross profitability premium[J]. Journal of financial economics,108: 1-28.

OHLSON JAMES A,1980. Financial ratios and the probabilistic prediction of bankruptcy[J]. Journal of accounting research,18(1): 109-131.

PALAZZO B, 2012. Cash holdings, risk, and expected returns[J]. Journal of financial economics,104: 162-185.

PIOTROSKI J D,2000. Value investing：the use of historical financial statement information to separate winners from losers[J]. Journal of accounting research,38：1-41.

SOLIMAN M T,2008. The use of DuPont analysis by market participants[J]. Accounting review,83(3)：823-853.

THOMAS J, ZHANG F X, 2011. Tax expense momentum[J]. Journal of accounting research,49(3)：791-821.

第九章

机器学习在中国金融市场中的实证应用

第一节　机器学习模型有效性验证：蒙特卡洛模拟方法

一、为什么需要蒙特卡洛模拟实验

由于现实中的数据结构非常复杂，永远没有人能够知道现实数据的实际生成过程(data generating process)是什么。因此，使用蒙特卡洛模型方法的好处在于，当我们也不是十分确定机器学习算法到底能不能比传统方法要好、什么情况下哪些机器学习算法模型能够有更好的表现时，使用一个已知可靠的数据，能够帮助我们更好地理解模型的原理。此外，特别是对于复杂的神经网络算法而言，代码实现是否正确也需要花费大量时间来确认，如果直接使用现实数据发现结果不好，那么我们也无法确定到底是机器学习算法代码不对，还是数据没清洗好，还是机器学习算法根本就无法表现得更好。总结来说，蒙特卡洛模拟(Monte Carlo simulation)方法的优点在于以下几方面。

(1) 数据量小，代码调试成本低。

(2) 数据简单可控，便于寻找算法的问题所在。

(3) 数据构造过程清晰，便于寻找模型与数据之间的关系。

二、蒙特卡洛模拟实验设计

本章使用蒙特卡洛模拟的思路是，模拟出与现实股市数据相似的数据集，比较不同算法之间的预测结果。首先，模拟一个三因子模型：

$$r_{i,t+1} = g \times (z_{i,t}) + e_{i,t+1} \tag{9-1}$$

$$e_{i,t+1} = \beta_{i,t} \boldsymbol{v}_{t+1} + \boldsymbol{\varepsilon}_{i,t+1} \tag{9-2}$$

$$z_{i,t} = (1, x_t)' \otimes \boldsymbol{c}_{i,t} \tag{9-3}$$

$$\beta_{i,t} = (c_{i1,t}, c_{i2,t}, c_{i3,t}) \tag{9-4}$$

其中，$r_{i,t+1}$ 为超额收益，$t=1,2,\cdots,T$，$\boldsymbol{c}_{i,t}$ 是一个 $N \times P_c$ 维的特征

矩阵，$\boldsymbol{v}_{t+1}$ 是一个 3×1 维的因子向量，x_t 是单变量时间序列，$\boldsymbol{\varepsilon}_{i,t+1}$ 是一个 $N\times 1$ 维的异质性误差向量，$\boldsymbol{v}_{t+1}\sim N(0,0.05^2\times I_3)$，$\boldsymbol{\varepsilon}_{i,t+1}\sim t_5(0,0.05^2)$。方差经过校准，平均时间序列 R^2 为 40%，平均年化波动率为 30%。

使用以下模型模拟特征面板：

$$c_{ij,t}=\frac{2}{N+1}\mathrm{CSrank}(\bar{c}_{ij,t})-1 \tag{9-5}$$

$$\bar{c}_{ij,t}=\rho_j\bar{c}_{ij,t-1}+\boldsymbol{\varepsilon}_{ij,t} \tag{9-6}$$

其中，$\rho_j\sim U[0.9,1]$，$\varepsilon_{ij,t}\sim N(0,1-\rho_j^2)$，CSrank 为横截面秩函数，随着时间的推移，特征具有一定的持续性，横截面归一化为[−1，1]。这与本书在实证研究中的数据清理程序相匹配。

此外，使用如下模型模拟时间序列 x_t：

$$x_t=\rho x_{t-1}+u_t \tag{9-7}$$

其中，$u_t\sim N(0,1-\rho^2)$，$\rho=0.95$，因此 x_t 是在时间序列上有高持续性的。

在这里，考虑 $g\times(\cdot)$ 函数的两种情况：

$$g\times(z_{i,t})=(c_{i1,t},c_{i2,t},c_{i3,t}\times x_t)\theta_0$$

其中

$$\theta_0=(0.02,0.02,0.02)'\quad(\mathrm{a})$$

$$g\times(z_{i,t})=(c_{i1,t}^2,c_{i1,t}\times c_{i2,t},\mathrm{sgn}(c_{i3,t}\times x_t))\theta_0$$

其中

$$\theta_0=(0.04,0.03,0.012)'\quad(\mathrm{b})$$

在以上两种情况中，$g\times(\cdot)$ 只依赖 3 个协变量，因此在 θ 中有 3 个非零值，表示为 θ_0。情况(a)是一个简单的稀疏线性模型。情况(b)涉及非线性变量 $c_{i1,t}^2$、非线性交互项 $c_{i1,t}\times c_{i2,t}$、离散变量 $\mathrm{sgn}(c_{i3,t}\times x_t)$。校准 θ_0 的值，使得横截面 R^2 为 50%，预测 R^2 为 5%。

在整个过程中，设定 $N=200$，$T=180$，$P_x=2$。同时比较 $P_c=100$ 和 $P_c=50$ 这两种情况，分别对应于 $P=200$ 和 $P=100$，以证明维度增加的效果。

对于每个蒙特卡洛模拟样本，将整个时间序列分成 3 个等长的连续子样本，分别作为训练集、验证集和测试集。特别地，使用 PLS、PCR、Ridge、LASSO、ENet、RF、GBRT 这 7 个模型，与 NN1、NN2、NN3、NN4、NN5 这 5 个神经网络模型，在训练集中对以上两种情况的模型进行估计，然后在验证集中选择每个模型的超参数，最后在测试集中计算预测误差。基准模型选择包含所有变量的混合 OLS 模型和 Oracle 模型。需要说明的是，Oracle 模型可以理解为所有模型的上限，由于数据可解释的部分在模拟数据生成过程中已经是严格约束过了，其他的部分都是噪声。由于 Oracle 模型使用的是我们数据生成中的函数，因此所有的模型在样本外的表现都不可能超过 Oracle 模型，但是样本内的表现是可能超过 Oracle 模型，这是因为其他模型很可能会拟合白噪声的信息，错误地把噪声识别为有效信息，样本内模型表现和样本外模型表现差距越大，模型过拟合的程度就越高。

三、机器模型训练细节说明

1. 模型评价指标

本书参考 Gu 等(2020)的研究，采用方程(9-8)来评价模型的表现。

$$R_{\text{oos}}^2 = 1 - \frac{\sum_{(i,t)\in T_3}(r_{i,t+1} - \hat{r}_{i,t+1})^2}{\sum_{(i,t)\in T_3} r_{i,t+1}^2} \tag{9-8}$$

其中：T_3 代表样本外测试集模型，$\hat{r}_{i,t+1}$ 代表模型的预测值，$r_{i,t+1}$ 代表真实值。需要强调的是，式(9-8)的样本外 R^2 与传统的 R^2 不同，分母并没有做去均值处理(即没有减去收益率的均值)。其原因在于：股票历史的均值这一数据包含很多噪声，使用该方法会引入额外的无效信息损失，如果将样本的历史均值作为个股的预测收益率的基准，其效果可能还不如直接使用 0 作为个股的预测收益率(本书也采用了传统的 R^2 来度量模型的评价指标作为稳健性检验，实证结果并不会发生变化)。

2. 模型变量重要性程度计算

在训练好的模型中，保持模型的参数不变，将某个预测因子的值全部替换为 0，然后模型其他输入变量不变，记录去掉某个预测因子后模型预测 R^2 的减小量。对所有变量执行以上操作，并依照 R^2 减小量进行标准化处理，得到不同模型每个特征的重要性水平。

3. 超参数校准

在机器学习算法中一般都会有超参数需要人为决定，它决定了每个模型的复杂性，并且是模型建造者防止过度拟合、提升模型样本外表现的首要手段。常见的超参数有随机森林中树的个数、深度，LASSO 算法中的惩罚参数等。具体而言，本书所有模型需要调节的超参数和取值范围如表 9-1 所示。

表 9-1　所有模型需要调节的超参数和取值范围

OLS＋H	PLS	PCR	ENet＋H	RF	GBRT＋H	NN1
Huber 损失函数：99.9%	特征选择数量：1～50	成分选择数量：1～50	Huber 损失函数：99.9% $\rho=0.5$ $\lambda\in(10^{-4},10^{-1})$	树的深度：1～6 树的数量：300 特征保留数量：3～50	Huber 损失函数：99.9% 树的深度：1～6 树的数量：300 学习率：0.01～0.1	L1 惩罚项：$10^{-5}\sim10^{-3}$ 学习率：0.001～0.01 批大小：256 训练轮次：100 最大忍耐次数：5 集合数量：10

四、蒙特卡洛模拟实验的结果

在表 9-2 中，汇报了每个模型和每个方法超过 100 次蒙特卡洛可重复样本的样本内（in-sample，IS）平均 R^2 和样本外（out-of-sample，OOS）平均 R^2，两者均是基于样本内均值的相对估计值。对于模型(a)，LASSO、ENet 和 NN1～NN5 的样本外表现最好且值大体相同，这并不奇怪，因为真实模型中输入的变量是稀疏、线性变量。RF 和 GBRT 的树模型有些过拟合，所以样本外的表现要差一些。相反，对于模型(b)，LASSO 和 ENet 的样本外表现比较差，因为这些线性模型不能捕捉到模型(b)中的非线性。样本外表现最好的是 NN1～NN5、RF 和 GBRT 模型。在所有的情况下，OLS 模型的样本外表现是最差的。在模型(a)中，PLS 模型的样本外表现好于 PCR 模型，但在非线性的情况下，PLS 模型的样本外表现很差。当 P_C 增加，样本内 R^2 增加，样本外 R^2 减少。随着过拟合的加剧，所有模型的性能都会下降。使用 Huber 损失函数能提高几乎所有模型的样本外表现。对于非线性模型，RF 和 GBRT 加上 Huber 损失函数表现最佳。NN 模型比较的结果表明模型灵活性与实现难度之间有明显的权衡。更深的模型可能允许数据更简洁的形式，但是它们的目标函数更需要优化。如表 9-2 所示，更浅的 NN 模型样本外表现更优。

表 9-2　比较不同机器学习算法的预测 R^2

模　型	(a)				(b)			
	$P_C=50$		$P_C=100$		$P_C=50$		$P_C=100$	
	IS	OOS	IS	OOS	IS	OOS	IS	OOS
OLS	7.07	0.40	7.76	−1.77	3.33	−5.55	4.24	−8.25
OLS+H	5.69	3.51	5.62	2.20	1.75	−1.59	1.77	−3.19
PCR	2.69	1.66	1.63	0.79	0.81	0.06	0.54	−0.02
PLS	5.89	4.01	5.94	3.52	2.04	−0.26	2.28	−0.55
LASSO	5.27	4.58	5.25	4.59	1.19	0.55	1.18	0.57
LASSO+H	5.25	4.60	5.24	4.60	1.17	0.52	1.17	0.54
Ridge	4.41	3.62	4.43	3.29	1.10	0.36	1.11	0.30
Ridge+H	4.33	3.58	4.38	3.29	1.06	0.38	1.07	0.30
ENet	5.28	4.64	5.26	4.64	1.24	0.58	1.24	0.58
ENet+H	5.26	4.65	5.25	4.62	1.21	0.59	1.22	0.59
RF	7.26	3.81	6.75	3.75	6.97	3.79	6.67	3.45
GBRT	7.69	3.90	7.99	3.87	7.46	3.72	7.55	3.54
GBRT+H	7.52	3.91	7.94	3.95	7.17	3.77	7.47	3.55
NN1	4.86	4.26	4.92	4.27	3.81	2.68	3.70	2.62
NN2	4.89	4.26	4.96	4.30	4.05	3.01	3.89	2.82
NN3	4.85	4.21	4.93	4.26	4.00	3.01	3.87	2.81
NN4	4.77	4.13	4.88	4.21	3.93	2.91	3.60	2.58
NN5	4.71	4.11	4.76	4.16	3.74	2.68	2.83	2.23
Oracle	5.77	4.96	5.77	4.96	5.65	5.10	5.65	5.10

表9-3中汇报了LASSO、ENet、LASSO＋H和ENet＋H模型中，6个特定协变量的平均变量选择频率与剩余$P-6$个协变量的均值。使用以上四种模型是因为它们惩罚项都使用了L1范数，这些模型会有选择地进行变量筛选。与预期一致，对于模型(a)来说，真正协变量($c_{i1,t}$，$c_{i2,t}$，$c_{i3,t}\times x_t$)在样本中被选择超过97%，冗余变量($c_{i3,t}$，$c_{i1,t}\times x_t$，$c_{i2,t}\times x_t$)在样本中被选择了约30%，其他变量很少被选择。模型错误地选择一些变量总是不可避免的，但是好的模型是能够大概率把真正有效的变量筛选出来的。对于模型(b)，虽然没有协变量是真实模型的一部分，但提供的6个协变量更相关，比其余$P-6$个协变量选择频率更高。

表9-3　比较一些线性模型中平均变量选择频率

				模型(a)				
$P=50$	LASSO	0.98	0.98	0.39	0.24	0.37	0.97	0.02
	LASSO＋H	0.98	0.98	0.35	0.27	0.36	0.97	0.01
	ENet	0.99	0.99	0.36	0.28	0.37	0.98	0.03
	ENet＋H	0.99	0.99	0.35	0.27	0.36	0.98	0.03
$P=100$	LASSO	0.98	0.98	0.36	0.23	0.37	0.97	0.01
	LASSO＋H	0.98	0.98	0.3	0.24	0.35	0.97	0.01
	ENet	0.99	0.99	0.32	0.27	0.35	0.97	0.02
	ENet＋H	0.99	0.99	0.32	0.26	0.36	0.98	0.02
				模型(b)				
$P=50$	LASSO	0.16	0.16	0.23	0.2	0.23	0.9	0.01
	LASSO＋H	0.15	0.16	0.24	0.18	0.23	0.88	0.01
	ENet	0.19	0.19	0.26	0.19	0.26	0.95	0.01
	ENet＋H	0.17	0.18	0.27	0.19	0.28	0.96	0.01
$P=100$	LASSO	0.15	0.14	0.23	0.18	0.24	0.9	0.01
	LASSO＋H	0.14	0.16	0.23	0.19	0.24	0.88	0.01
	ENet	0.18	0.18	0.26	0.18	0.26	0.95	0.01
	ENet＋H	0.16	0.2	0.27	0.18	0.27	0.95	0.01

表9-4汇报了RF、GBRT、GBRT＋H和NN1～NN5模型中，6个特定协变量的平均变量重要程度与剩余$P-6$个协变量的均值。

在模型(a)和模型(b)中有相似的结果,6 个协变量的重要性均要高于剩余 $P-6$ 个变量的重要性。所有的方法都同样有效。总体而言,蒙特卡洛模拟的结果表明,机器学习方法能够成功地挑选出具有信息含量的变量,即使高度相关的协变量难以区分。

表 9-4　比较一些非线性模型中平均变量重要程度

模型(a)

参　数	模　型	$c_{i1,t}$	$c_{i2,t}$	$c_{i3,t}$	$c_{i1,t}\times x_t$	$c_{i2,t}\times x_t$	$c_{i3,t}\times x_t$	噪声
$P=50$	RF	21.85	24.70	4.18	3.95	5.73	22.13	0.19
	GBRT	17.00	18.28	3.44	4.79	5.54	17.10	0.36
	GBRT+H	17.33	18.78	3.49	4.84	5.52	17.69	0.34
	NN1	28.82	31.69	1.12	1.24	1.50	32.10	0.04
	NN2	29.59	31.43	1.05	1.19	1.49	31.69	0.04
	NN3	29.73	31.93	1.03	0.78	1.63	31.26	0.04
	NN4	29.43	31.85	1.32	1.18	1.71	31.51	0.21
	NN5	28.94	31.50	1.36	1.27	1.45	31.37	0.04
$P=100$	RF	21.46	24.62	4.54	3.94	5.55	19.98	0.10
	GBRT	15.09	15.33	2.88	4.13	4.87	15.31	0.22
	GBRT+H	15.20	16.04	2.95	4.13	4.94	15.90	0.21
	NN1	29.17	31.01	1.07	0.73	1.43	30.96	0.03
	NN2	28.92	30.99	1.00	0.81	1.31	31.23	0.03
	NN3	29.35	30.81	1.07	0.67	1.48	30.89	0.03
	NN4	29.22	31.02	1.23	0.99	1.55	30.77	0.23
	NN5	28.70	30.83	1.06	1.06	1.31	30.42	0.03

模型(b)

参　数	模　型	$c_{i1,t}$	$c_{i2,t}$	$c_{i3,t}$	$c_{i1,t}\times x_t$	$c_{i2,t}\times x_t$	$c_{i3,t}\times x_t$	噪声
$P=50$	RF	27.96	9.96	3.01	6.06	4.34	32.65	0.17
	GBRT	22.57	10.02	2.74	7.42	5.90	22.15	0.31
	GBRT+H	22.86	9.70	2.77	7.56	6.19	22.44	0.30
	NN1	42.50	21.90	1.24	2.75	1.46	22.73	0.08
	NN2	44.72	21.37	0.90	1.38	1.04	24.39	0.07
	NN3	46.07	20.82	0.70	1.13	1.28	24.55	0.06
	NN4	44.40	20.90	0.95	1.62	1.58	25.19	0.20
	NN5	42.44	20.63	0.99	1.88	1.64	25.59	0.07

续表

模型(b)								
参数	模型	$c_{i1,t}$	$c_{i2,t}$	$c_{i3,t}$	$c_{i1,t}\times x_t$	$c_{i2,t}\times x_t$	$c_{i3,t}\times x_t$	噪声
$P=100$	RF	23.50	5.44	4.06	7.35	4.09	31.96	0.12
	GBRT	19.43	6.38	2.73	7.88	5.68	19.59	0.20
	GBRT+H	19.30	6.07	2.57	7.93	5.64	20.03	0.20
	NN1	42.20	20.62	1.08	2.05	1.27	21.48	0.06
	NN2	42.88	20.26	0.74	1.06	1.00	23.26	0.06
	NN3	43.86	20.34	1.02	0.98	1.14	23.71	0.05
	NN4	39.84	19.32	1.46	2.11	1.44	25.10	0.17
	NN5	35.57	18.01	1.62	3.02	1.54	26.21	0.07

第二节　机器学习算法在中国A股市场的实证结果

一、具体实证设计介绍

本书将所有数据按照时间将样本集划分为三个部分：训练集、验证集和测试集。首先在训练集中拟合数据，再在第二部分验证样本中通过计算目标函数判断误差对模型进行超参数调整。第三部分样本将作为测试集来评估所得模型的样本外预测准确性。具体而言，把23年(1997—2019年)的样本拆分为三部分：前7年为训练集(1997—2003年)，中6年为验证集(2004—2009年)，后10年为样本外预测集(2010—2019年)。此外，为了尽可能地接近真实样本外投资过程，保留数据集为时间序列的特征，数据集的训练和验证过程没有采用机器学习中使用的交叉验证方法，而是使用了更为复杂的混合递归的方法，这种方法的具体做法如下。

第1次，在1997—2003年的样本中拟合，在2004—2009年的样本中根据损失函数确定超参数，在2010年的样本中预测，保留预测结果。

第2次，在1997—2004年的样本中拟合，在2005—2010年的样本中根据损失函数确定超参数，在2011年的样本中预测，保留预测结果。

……

第10次，在1997—2012年的样本中拟合，在2013—2018年的样本中根据损失函数确定超参数，在2019年的样本中预测，保留预测结果。

二、个股的可预测性实证结果

表9-5为R^2度量下不同机器学习模型样本外预测准确度。其中OLS3代表基于OLS＋Huber Loss方程且仅使用企业市值、总波动率、反转三个特征①进行拟合的结果。PLS、PCR、ENet、RF、GBRT分别代表最小偏二乘回归、主成分回归、弹性网络、随机森林和梯度提升树模型使用所有变量拟合的结果。NN1～NN5分别代表1～5层神经网络模型使用所有变量拟合的结果。

表9-5 R^2度量下不同机器学习模型样本外预测准确度

样本＼模型	OLS3	PLS	PCR	ENet	RF	GBRT	NN1	NN2	NN3	NN4	NN5
All	−0.35	0.43	0.17	0.31	0.35	0.31	0.27	0.76	0.21	0.67	0.17
Top 300	0.08	0.19	0.43	0.54	0.43	0.57	0.02	0.15	0.04	0.05	0.08
Bottom 300	−0.53	0.67	0.28	0.02	0.22	0.16	0.36	0.98	0.31	0.91	0.15

注：样本外测试时间：2010年到2019年12月。

其中，All是指全部样本的样本外R^2，Top(Bottom)300是指市值最大(小)的300只股票预测结果。OLS模型的全样本R^2仅为−0.35%，这说明基于传统的OLS模型，中国A股个股的收益率的预测十分困难，OLS模型的预测结果在统计上还不如直接用0作为预测结果更接近真实值。这也说明了中国A股个股收益率难被以预测。

① 本书在流动性、波动率和动量类异象性特征中分别选了一个最常见的因子来代表该类异象性因子。

反观其他机器学习算法，所有模型的样本外 R^2 都为正，其中 PLS、PCR 和 ENet 三类线性模型的样本外 R^2 分别为 0.43%、0.17%和 0.31%。这说明变量信息压缩和添加惩罚项两种机器学习方法都能显著改善传统 OLS 模型估计不稳定的问题，从而提升模型的样本外预测结果。随机森林和提升树算法的样本外 R^2 分别为 0.35%和 0.31%，这说明基于树类机器学习算法的非线性特征也能提升 OLS 模型的样本外预测结果。

NN1～NN5 五类模型的样本外 R^2 分别为 0.27%、0.76%、0.21%、0.67%和 0.17%。这说明：①基于神经网络类机器学习算法的非线性特征也能提升 OLS 模型的样本外预测结果；②神经网络模型算法的样本外 R^2 并没有展现出越复杂的模型越好的特征，其中两层神经网络模型的结果最好，为 0.76%，而 5 层神经网络模型的结果却仅为 0.17%。Top (Bottom)300 是指最大(小)的 300 只股票预测结果，最好的模型为 GBRT(NN2)，样本外 R^2 为 0.57%(0.98%)。本书的预测结果与美国文献类似，对比 Gu 等(2019)基于美国机器学习的预测结果，其表现最好的随机森林的样本外 R^2 为 0.33%。

三、预测因子的重要性

表 9-6、图 9-1 和图 9-2 分别展示了不同机器学习模型算法不同股票预测特征的重要性排序①。所有机器学习模型的不同变量的重要程度排序都十分类似，重要性程度前 20 的特征中，流动性特征有 8 个，动量特征有 3 个，波动率(风险)特征有 2 个，财务类特征有 4 个，价值类特征有 2 个。流动性类特征因子中成交量的方差②(vdtv1)、换手率的方差变量(vturn)、去零交易日调整后换手率

---

① 关于神经网络类模型，本书只展示了最好的两层神经网络模型的结果，其余神经网络结果类似，由于篇幅受限，其余不重要的变量结果不完全展示。

② 本书对所有股票异象特征因子进行了 SPA(single portfolio analysis)，单因子分组中 T 值最大的因子就是 vdtv1 成交量的方差，最高组减最低组的对冲资产组合平均月度收益率为−1.52%，T 值为−3.12。由于本书的研究重点并不是做中国异象性因子分析，所以这部分结果并没有展示，欢迎读者来信索取。

(lm1)3 个流动性指标的重要性排名靠前，平均重要性分别为 7.00%、3.79%、3.30%；动量类特征因子中最为重要的是反转因子(mom1)和 11 月动量残差(imom11)，平均重要程度分别为 2.39% 和 1.74%；波动类特征因子中最为重要的是异质性波动率——idvc1(基于 CAPM)和异质性波动率——idvff1(基于 CH3)，平均重要程度分别为 1.51%和 2.05%；财务类特征中最为重要的是净资产收益率的四季度变化(droe)和总资产收益率的四季度变化(droa)，平均重要程度分别为 3.02%和 3.03%；价值类特征中最为重要的是年度累计的分红与价格比率(dy_{12m})和季度的盈利价格比(epq)，平均重要程度分别为 6.92%和 1.45%。

表 9-6　不同变量的重要性程度(前 40 个因子)　　%

序号	变量名称	PLS	PCR	ENet	RF	GBRT	NN2	均值
1	vdtv1	3.27	3.19	23.16	2.89	3.07	6.43	7.00
2	dy_{12m}	10.03	0.07	8.56	8.62	13.73	0.50	6.92
3	vturn1	4.07	3.06	9.29	2.00	3.16	1.18	3.79
4	lm1	4.08	0.16	7.44	3.74	4.00	0.39	3.30
5	droa	3.27	1.54	4.32	4.15	2.62	2.28	3.03
6	droe	3.29	1.56	2.40	4.38	3.44	3.04	3.02
7	lm12	2.45	0.16	0.00	6.52	6.34	0.75	2.71
8	lm6	3.47	0.17	0.00	5.89	5.91	0.56	2.67
9	mom1	0.89	1.95	3.60	0.29	0.91	6.71	2.39
10	dtv1	1.86	2.09	0.00	2.92	3.31	3.74	2.32
11	turn1	2.31	1.84	0.52	3.43	3.52	0.77	2.07
12	idvff1	1.61	4.12	0.00	3.14	2.71	0.71	2.05
13	fq	3.19	1.16	0.00	3.03	4.10	0.24	1.95
14	imom11	1.24	2.81	0.27	3.44	2.16	0.52	1.74
15	abturn	2.66	4.20	0.04	1.00	1.61	0.67	1.70
16	sgq	1.49	0.93	2.22	1.78	2.16	1.17	1.63
17	idvc1	1.34	4.06	0.00	1.59	1.17	0.91	1.51
18	imom6	1.05	2.29	1.40	2.08	1.31	0.91	1.51
19	gplaq	1.30	1.22	2.77	1.31	1.23	1.12	1.49
20	epq	1.21	1.68	3.89	0.23	0.64	1.05	1.45
21	idsc1	1.79	2.30	1.71	0.43	0.55	0.78	1.26
22	roe	1.00	1.36	1.94	0.93	1.25	0.77	1.21

续表

序号	变量名称	PLS	PCR	ENet	RF	GBRT	NN2	均值
23	tacap	0.60	0.41	1.72	0.42	0.17	3.76	1.18
24	tvl	0.66	2.60	0.02	0.36	1.11	2.33	1.18
25	dtv6	0.38	0.37	5.02	0.31	0.30	0.45	1.14
26	mdr	0.49	4.05	0.00	0.26	0.94	1.01	1.13
27	vcf	1.46	0.23	0.89	1.72	1.65	0.54	1.08
28	opleq	1.07	1.41	0.83	1.32	0.81	0.96	1.07
29	rnaq	0.93	1.40	0.00	1.01	2.24	0.77	1.06
30	mchg	0.20	0.28	2.09	1.88	1.26	0.45	1.03
31	mom11	0.36	1.85	0.00	2.06	0.69	1.14	1.02
32	roa	0.94	1.37	0.00	1.59	1.15	0.89	0.99
33	oplaq	1.07	1.46	0.00	1.23	0.96	1.13	0.97
34	tsl	1.58	2.45	0.00	0.93	0.64	0.15	0.96
35	bmq	0.59	0.31	1.99	0.12	0.47	2.10	0.93
36	mom24	0.54	0.41	0.01	1.73	2.35	0.36	0.90
37	vdtv6	0.92	0.76	1.10	0.84	0.61	1.03	0.88
38	mom9	0.68	1.77	1.44	0.38	0.30	0.63	0.87
39	ctq	0.67	1.28	0.00	1.42	0.97	0.53	0.81
40	rdmq	0.92	0.17	2.24	0.15	0.25	1.00	0.79

注：表中变量和模型均为英文缩写，全称请参见文章正文部分模型介绍和特征说明。

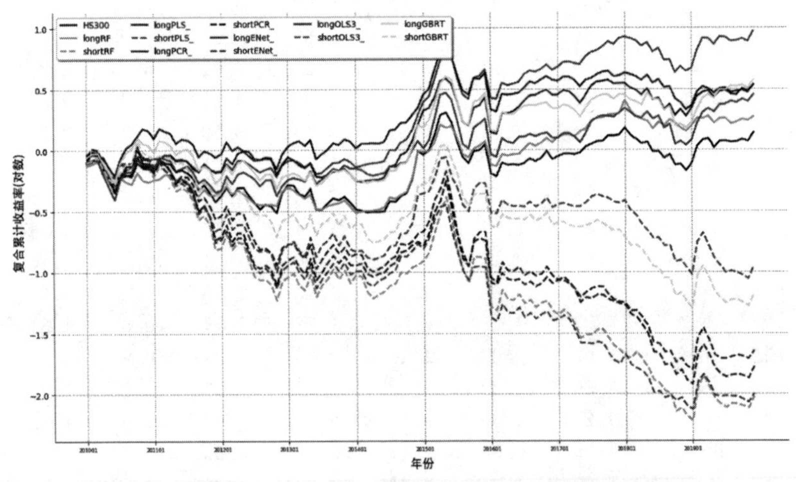

图 9-1　2010 年 1 月到 2019 年 12 月样本外机器学习资产组合策略累计收益率(非神经网络模型，市值加权)

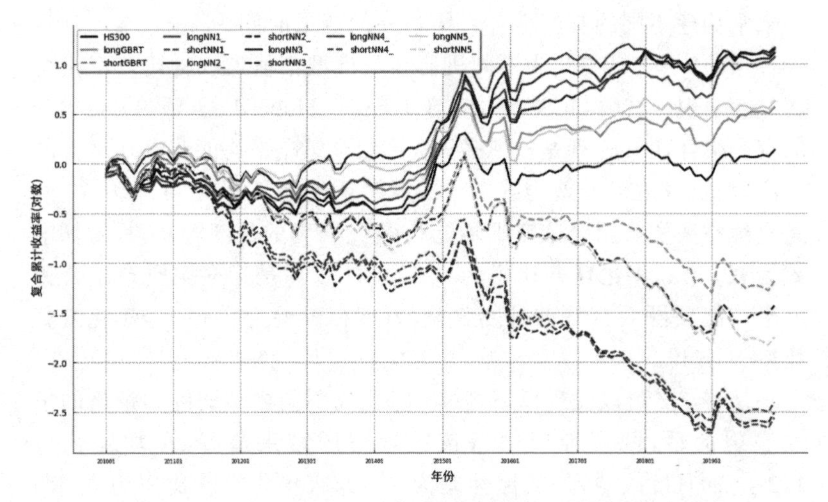

图 9-2　2010 年 1 月到 2019 年 12 月样本外机器学习资产组合策略累计收益率(神经网络模型,市值加权)

尽管本书已经剔除了中国市值最小的 30%股票,但是在中国市场上,流动性指标还是表现出最强的预测能力,可能的原因有两个:首先,流动性因子的溢价来源于流动性低的股票会比流动性高的股票更难达成交易,当面临股市衰退时,持有流动性低的股票面临无法处置资产的损失会远远大于持有流动性高的股票。非流动性溢价就是为了弥补这种低流动资产的风险从而带来的风险溢价。其次,由于中国股票市场制度依然处于不断完善的阶段,涨跌停板和公司随意停牌制度进一步加深了中国流动性低股票的溢价程度。正是这些市场特征,导致中国非流动股票特征对于下一期的股票收益率会产生更大的预测能力。动量类指标的预测能力最弱,这也与中国 A 股市场动量异象性因子不显著的研究发现十分类似(鲁臻等,2007)。

四、机器学习选股策略绩效表现

本书的机器学习选股策略是在每个月的最后一个交易日根据所有模型预测的下一期股票收益率预测结果进行排序,根据排序的结果来构建不同的资产组合。样本外的测试时间为 2010 年 1 月到 2019 年 12 月。表 9-7 为不同机器学习模型市值加权构建资产组合的绩效表现。其中 OLS3 是指基于 OLS + Huber Loss 预测方法得到的资产组合,Hi_10 列是指纯多头资产组合策略平均能获得 0.64%的月度收益,月度标准差为 5.61%,年化夏普比率为 0.39。Lo_10 列是指纯空头资产组合策略平均能获得 0.46%的月度收益,月度标准差为 9.55%,年化夏普比率为 0.17。H-L 列是指多空资产组合策略平均能获得 1.10%的月度收益,月度标准差为 7.67%,年化夏普比率为 0.49。

从表 9-7 可以发现以下规律:①比较不同模型的纯多策略的绩效表现的话,两层神经网络选股策略的结果最好,平均能获得 1.29%的月度收益,月度标准差为 8.19%,年化夏普比率为 0.55;②比较不同模型的多空策略的绩效表现的话,两层神经网络选股策略的结果最好,平均能获得 2.94%的月度收益,月度标准差为 6.88%,年化夏普比率为 1.48;③神经网络模型优于树类模型,树类模型优于线性机器学习模型,机器学习模型都比 OLS 结果要好;④神经网络模型并不是层数越多越好,意味着模型并不是越复杂越好。

表 9-8 为不同机器学习模型等权加权构建资产组合的绩效表现,表 9-7 所有的规律在表 9-8 依然存在,稍有不同则在于同一模型下等权重加权的资产组合结果会优于市值加权构建资产组合,这也说明在中国规模因子依然是有效的。例如表现最好的两层神经网络模型,多空资产组合策略平均能获得 3.03%的月度收益,月度标准差为 4.65%,年化夏普比率为 2.26。

表 9-9 为不同机器学习模型构建资产组合的风险调整后绩效表现,等权(市值)加权的两层神经网络模型多空资产组合在 FF3 因子调整后的月度 α 为 3.26(3.30),模型 R^2 仅有 4.57%(10.08%),说明 FF3 因子对于本书机器学习选股的资产组合解释力较弱。FF5 因子调整后的月度 α 为 3.03(2.95),模型 R^2 仅有 10.17%(16.43%),说明 FF5 因子对于本书机器学习选股的资产组合解释

表 9-7　不同机器学习模型市值加权构建资产组合的绩效表现(样本外测试时间：2010 年 1 月到 2019 年 12 月)

Panel A. 市值加权机器学习资产组合分组收益率/%											
RET	Lo_10	2_Dec	3_Dec	4_Dec	5_Dec	6_Dec	7_Dec	8_Dec	9_Dec	Hi_10	H_L
OLS3	−0.46	0.08	0.46	0.69	0.45	−0.03	0.27	0.50	0.24	0.64	1.10
PLS	−1.26	−0.41	0.04	0.16	0.06	0.29	0.52	0.73	0.63	1.00	2.26
PCR	−1.04	−0.29	0.18	0.41	0.39	0.53	0.52	0.42	0.74	0.65	1.69
ENet	−0.98	−0.08	0.23	0.25	0.54	0.49	0.48	0.43	0.51	0.66	1.63
RF	−1.21	−0.49	−0.28	0.30	0.45	0.37	0.51	0.70	0.53	0.38	1.59
GBRT	−0.67	0.58	0.11	0.29	0.21	0.40	0.20	0.79	0.34	0.74	1.41
NN1	−1.54	−0.74	−0.46	0.21	0.24	0.55	0.57	0.59	0.87	1.23	2.76
NN2	−1.64	−0.64	−0.19	0.21	0.05	0.16	0.88	1.21	1.21	1.29	2.94
NN3	−0.77	−0.21	−0.04	−0.13	−0.03	−0.09	0.59	0.56	0.95	1.14	1.91
NN4	−1.70	−0.79	−0.01	0.43	0.70	0.76	0.91	0.72	0.75	1.18	2.88
NN5	−0.97	−0.38	0.03	0.15	0.55	0.79	0.28	0.38	0.63	0.77	1.75
Panel B. 市值加权机器学习资产组合分组标准差/%											
STD	Lo_10	2_Dec	3_Dec	4_Dec	5_Dec	6_Dec	7_Dec	8_Dec	9_Dec	Hi_10	H_L
OLS3	9.55	8.90	8.35	8.40	8.13	7.67	7.27	7.10	6.32	5.61	7.67
PLS	8.74	8.32	8.05	7.64	7.12	7.33	6.63	6.72	6.71	6.17	5.72
PCR	9.23	8.52	8.07	7.85	7.16	7.05	6.41	6.36	5.88	6.36	5.44
ENet	8.72	8.07	8.08	7.39	7.31	7.00	6.59	6.68	6.56	6.49	5.50
RF	8.36	7.07	6.93	7.10	6.87	6.63	6.55	7.38	7.41	7.28	4.92

续表

Panel B. 市值加权机器学习资产组合分组标准差/%											
STD	Lo_10	2_Dec	3_Dec	4_Dec	5_Dec	6_Dec	7_Dec	8_Dec	9_Dec	Hi_10	H_L
GBRT	8.08	7.11	7.44	6.86	6.73	6.88	6.69	7.35	7.07	7.33	5.02
NN1	9.37	8.59	7.76	6.94	6.98	6.94	6.90	6.84	7.03	7.45	6.60
NN2	9.13	8.37	7.95	7.40	6.46	6.37	6.78	7.45	7.68	8.19	6.88
NN3	9.12	8.84	8.12	7.68	7.34	7.36	6.77	6.09	6.24	6.55	6.09
NN4	8.98	6.98	7.07	7.29	6.95	7.55	7.35	7.52	7.53	7.66	6.51
NN5	9.70	8.86	8.27	7.94	7.49	7.40	6.86	6.47	6.37	7.03	6.99

Panel C. 市值加权机器学习资产组合分组夏普比率											
SR	Lo_10	2_Dec	3_Dec	4_Dec	5_Dec	6_Dec	7_Dec	8_Dec	9_Dec	Hi_10	H_L
OLS3	−0.17	0.03	0.19	0.28	0.19	−0.01	0.13	0.25	0.13	0.39	0.49
PLS	−0.50	−0.17	0.02	0.07	0.03	0.14	0.27	0.38	0.33	0.56	1.37
PCR	−0.39	−0.12	0.08	0.18	0.19	0.26	0.28	0.23	0.44	0.35	1.08
ENet	−0.39	−0.04	0.10	0.12	0.26	0.24	0.25	0.22	0.27	0.35	1.03
RF	−0.50	−0.24	−0.14	0.14	0.23	0.19	0.27	0.33	0.25	0.18	1.12
GBRT	−0.29	0.28	0.05	0.15	0.11	0.20	0.10	0.37	0.17	0.35	0.97
NN1	−0.57	−0.30	−0.21	0.10	0.12	0.27	0.29	0.30	0.43	0.57	1.45
NN2	−0.62	−0.27	−0.08	0.10	0.03	0.09	0.45	0.56	0.55	0.55	1.48
NN3	−0.29	−0.08	−0.02	−0.06	−0.01	−0.04	0.30	0.32	0.53	0.60	1.09
NN4	−0.66	−0.39	−0.01	0.20	0.35	0.35	0.43	0.33	0.35	0.54	1.54
NN5	−0.35	−0.15	0.01	0.06	0.26	0.37	0.14	0.20	0.34	0.38	0.86

表 9-8　不同机器学习模型等权加权构建资产组合的绩效表现(样本外测试时间：2010 年 1 月到 2019 年 12 月)

Panel A. 等权加权机器学习资产组合分组收益率/%										
Ret	Lo_10	2_Dec	3_Dec	4_Dec	5_Dec	6_Dec	7_Dec	8_Dec	9_Dec	Hi_10	H_L
OLS3	−0.88	0.29	0.49	0.50	0.41	0.31	0.56	0.66	0.64	0.91	1.79
PLS	−1.14	−0.47	0.07	0.18	0.45	0.65	0.71	0.93	1.15	1.36	2.50
PCR	−1.08	−0.21	0.07	0.24	0.43	0.66	0.77	0.82	1.02	1.18	2.26
ENet	−1.22	−0.44	0.02	0.23	0.58	0.61	0.76	0.88	1.06	1.42	2.64
RF	−1.29	−0.38	0.03	0.35	0.62	0.59	0.89	0.94	0.97	1.18	2.48
GBRT	−1.19	0.08	0.29	0.47	0.65	0.51	0.55	0.84	0.67	1.01	2.20
NN1	−1.46	−0.37	−0.09	0.34	0.52	0.57	0.71	0.90	1.14	1.63	3.09
NN2	−1.47	−0.49	0.09	0.28	0.41	0.61	0.82	0.96	1.12	1.56	3.03
NN3	−0.93	−0.25	0.02	0.10	0.38	0.46	0.75	0.91	0.97	1.48	2.42
NN4	−1.59	−0.54	0.07	0.29	0.55	0.71	0.86	0.90	1.15	1.45	3.04
NN5	−0.99	−0.11	0.19	0.37	0.57	0.73	0.62	0.75	0.81	0.95	1.94
Panel B. 等权加权机器学习资产组合分组标准差/%											
STD	Lo_10	2_Dec	3_Dec	4_Dec	5_Dec	6_Dec	7_Dec	8_Dec	9_Dec	Hi_10	H_L
OLS3	9.56	8.56	8.31	8.43	8.43	8.21	8.12	8.04	8.04	7.88	4.11
PLS	9.56	9.12	8.93	8.57	8.35	8.32	7.99	7.84	7.62	7.25	4.50
PCR	9.71	9.22	8.96	8.67	8.41	8.17	7.86	7.72	7.57	7.27	4.37
ENet	9.39	8.93	8.79	8.52	8.42	8.23	7.90	7.98	7.77	7.64	4.20
RF	9.76	9.32	8.97	8.75	8.60	8.32	7.99	7.73	7.43	6.87	4.89

续表

Panel B. 等权加权机器学习资产组合分组标准差/%											
STD	Lo _ 10	2 _ Dec	3 _ Dec	4 _ Dec	5 _ Dec	6 _ Dec	7 _ Dec	8 _ Dec	9 _ Dec	Hi _ 10	H _ L
GBRT	9.55	8.72	8.56	8.48	8.21	8.10	8.18	8.17	7.79	7.76	4.14
NN1	9.74	9.30	8.64	8.10	8.18	8.02	7.98	8.04	7.85	8.06	4.88
NN2	9.32	8.92	8.67	8.37	7.96	7.74	7.93	8.11	8.34	8.69	4.65
NN3	9.70	9.33	8.93	8.50	8.44	8.32	7.97	7.85	7.31	7.32	4.48
NN4	9.21	8.37	8.34	8.27	8.13	8.32	8.40	8.31	8.40	8.36	4.71
NN5	10.03	9.16	8.71	8.51	8.38	8.00	7.84	7.79	7.68	7.80	5.00

Panel C. 等权加权机器学习资产组合分组夏普比率											
SR	Lo _ 10	2 _ Dec	3 _ Dec	4 _ Dec	5 _ Dec	6 _ Dec	7 _ Dec	8 _ Dec	9 _ Dec	Hi _ 10	H _ L
OLS3	−0.32	0.12	0.20	0.21	0.17	0.13	0.24	0.28	0.27	0.40	1.51
PLS	−0.41	−0.18	0.03	0.07	0.19	0.27	0.31	0.41	0.52	0.65	1.93
PCR	−0.39	−0.08	0.03	0.10	0.18	0.28	0.34	0.37	0.47	0.56	1.79
ENet	−0.45	−0.17	0.01	0.09	0.24	0.26	0.33	0.38	0.47	0.64	2.18
RF	−0.46	−0.14	0.01	0.14	0.25	0.25	0.38	0.42	0.45	0.60	1.75
GBRT	−0.43	0.03	0.12	0.19	0.28	0.22	0.23	0.36	0.30	0.45	1.84
NN1	−0.52	−0.14	−0.04	0.15	0.22	0.25	0.31	0.39	0.51	0.70	2.19
NN2	−0.55	−0.19	0.04	0.12	0.18	0.27	0.36	0.41	0.47	0.62	2.26
NN3	−0.33	−0.09	0.01	0.04	0.15	0.19	0.33	0.40	0.46	0.70	1.87
NN4	−0.60	−0.22	0.03	0.12	0.24	0.29	0.35	0.38	0.48	0.60	2.24
NN5	−0.34	−0.04	0.08	0.15	0.23	0.31	0.27	0.33	0.37	0.42	1.34

表 9-9　不同机器学习模型构建资产组合的风险调整后绩效表现（样本外测试时间：2010 年 1 月到 2019 年 12 月）

统计量信息	OLS3	PLS	PCR	ENet	RF	GBRT	NN1	NN2	NN3	NN4	NN5
Panel A1. 市值加权机器学习资产组合 FF3 因子调整后收益											
平均收益率	1.10	2.26	1.69	1.63	1.59	1.41	2.76	2.94	1.91	2.88	1.75
α	1.19	2.63	2.07	2.02	2.17	1.61	3.06	3.30	2.17	3.30	2.27
α_T	(2.32)	(5.75)	(5.36)	(4.89)	(6.56)	(3.51)	(5.27)	(5.7)	(4.17)	(5.88)	(4.55)
R^2	70.30	17.21	32.39	26.83	70.30	0.74	14.71	10.08	28.21	6.13	45.21
Panel A2. 市值加权机器学习资产组合 FF5 因子调整后收益											
α	1.12	2.44	1.82	1.83	1.86	1.39	2.75	2.95	1.86	3.01	1.96
α_T	(2.19)	(5.64)	(4.95)	(4.46)	(5.92)	(3.08)	(5.16)	(5.64)	(3.68)	(5.78)	(4.22)
R^2	75.51	19.12	40.87	29.19	0.93	10.50	20.04	16.43	38.55	11.66	52.82
Panel B1. 等权加权机器学习资产组合 FF3 因子调整后收益											
平均收益率	1.79	2.50	2.26	2.64	2.48	2.20	3.09	3.03	2.42	3.04	1.94
α	1.96	2.79	2.47	2.86	2.82	2.47	3.33	3.26	2.61	3.30	2.20
α_T	(5.13)	(8.66)	(7.62)	(8.55)	(9.36)	(7.61)	(8.57)	(8.36)	(7.53)	(8.5)	(6.18)
R^2	40.22	24.24	28.39	18.61	9.67	15.08	14.89	4.57	28.94	2.50	29.92
Panel B2. 等权加权机器学习资产组合 FF5 因子调整后收益											
α	1.93	2.63	2.28	2.63	2.61	2.36	3.09	3.03	2.42	3.05	2.12
α_T	(5.04)	(8.1)	(7.25)	(8.25)	(9.18)	(7.24)	(8.57)	(8.27)	(7.25)	(8.17)	(6.1)
R^2	48.83	29.65	37.08	27.99	10.52	24.25	21.37	10.17	36.14	9.77	32.49

注：α_ T 为经过 White (1980)异方差调整过后的 T 值。

力较弱，所有资产组合 α 的 T 值都超过了 5，说明均在统计上显著。

图 9-1～图 9-4 展示了不同机器学习模型构建资产组合的累计收益率曲线（对数），可以看到等权（市值）加权的机器学习资产组合的纯多头策略 10 年累计收益率（对数）约为 1.35（1.12），而同期沪深 300 收益率仅为 0.05。

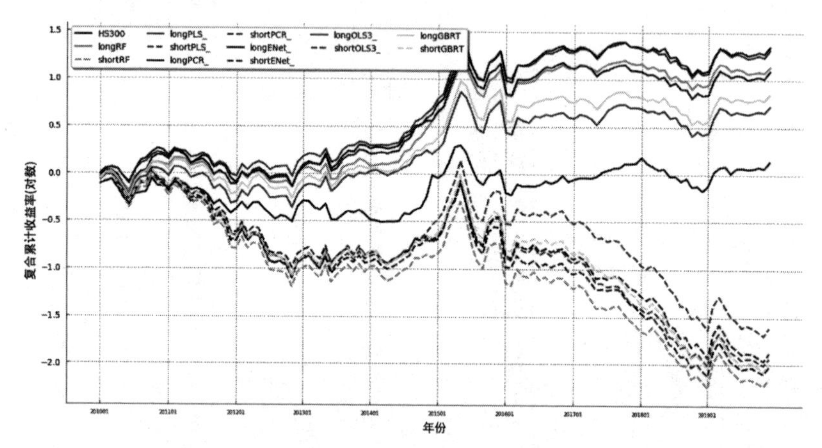

图 9-3　2010 年 1 月到 2019 年 12 月样本外机器学习资产组合策略累计收益率（非神经网络模型，等权加权）

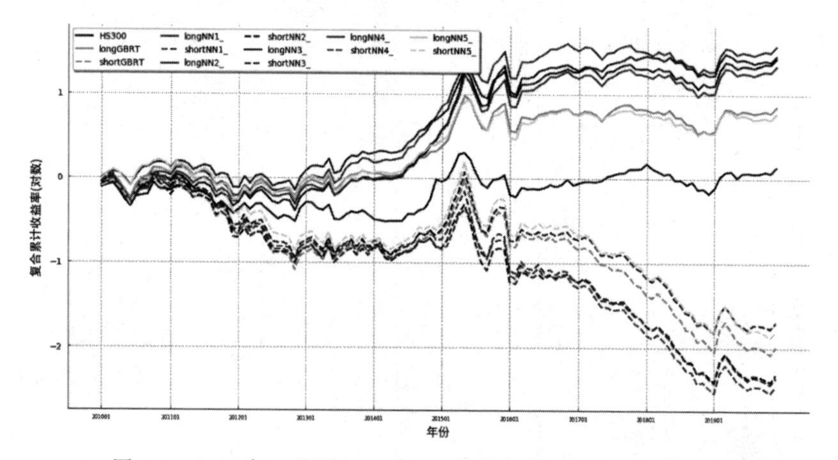

图 9-4　2010 年 1 月到 2019 年 12 月样本外机器学习资产组合策略累计收益率（神经网络模型，等权加权）

五、实证研究发现总结

本书从机器学习的视角检验了文献中提出的众多预测变量对中国个股收益率的预测能力。我们发现：①机器学习算法能够显著提升传统计量经济学模型的样本外预测结果。OLS模型的样本外预测 R^2 仅为−0.35%，而所有机器学习模型的样本外预测 R^2 都为正，预测效果都在统计上显著好于OLS模型，其中结果最好的两层神经网络模型的样本外 R^2 高达0.76%。②机器学习算法构建的交易策略能创造显著的经济意义。两层神经网络等权（市值）加权多空策略资产组合的绩效表现最好，在样本外测试时间2010年到2019年12月期间，平均能获得3.03%(2.94%)的月度收益，月度波动率为4.65%(6.88%)，年化夏普比率为2.26(1.48)，经过FF5因子调整后依然能获得显著的月度 α 值，为3.03(2.95)。③中国股市中流动性的指标对未来收益率的预测效果最好，其中成交量的波动率(vdtv1)、交易换手率的变化(vturn)、日均交易量为零的标准化成交调整数(lm1)3个流动性指标的重要性排名靠前，平均重要性分别为7.00%、3.79%、3.30%。

厘清哪些股票特征能够有效地预测中国个股资产收益率，有助于理解中国股票市场不同的交易性异象特征中的预测信息含量，更加深入了解中国股票市场的运行特点。本书基于大量的因子数据研究发现，中国股票市场中，流动性指标对未来收益率有很好的预测能力，这可能与中国A股市场停盘、涨跌停板、$T+1$ 等交易摩擦制度造成的非流动性资产溢价有关。股票未来收益的可预测性，也就部分代表着中国资本市场并没有达到完全有效市场的状态。中国资本市场规模目前已经跃居全球第二，然而从全球视野来看，中国股票市场依然存在很多特殊的交易制度（涨跌停板、$T+1$）在影响中国股票市场收益率特征。监管层应该考虑随着中国市场条件越来越完善，中国的股票市场制度改革也需要与时俱进，逐渐向国际成熟的资本市场体制靠拢。在保护投资人公平交易利益的前提下，进一步减少制度障碍带来的交易摩擦，提升市场效率，是下一步中国资本市场改革的着力点。

除了传统的机器学习模型之外，本书接下来的部分介绍传统的机器学习方法与资产定价理论概念结合应用的一种方法：IPCA模型①。

第三节　IPCA 模型在中国 A 股市场的实证结果

一、IPCA 模型原理

1. 模型背景

在正式介绍 IPCA 模型之前，我们应该向读者大致介绍 IPCA 对于传统资本资产定价模型有哪些优势。

用实证方法去解释为何不同的资产能够获得不同的收益率，一直是资产定价领域最重要的话题。从一般均衡理论的角度，资产存在不同预期收益是源于对风险暴露程度的补偿。不过从实证的角度，人们往往会围绕因子收益模型和投资收益的欧拉公式对资产表现原因进行更深刻的探讨。在"无套利原理"的假设下，因子值与超额收益的关系被改写为

$$E_t[r_{i,t+1}]=\frac{\mathrm{Cov}_t(m_{t+1},r_{i,t+1})}{\mathrm{Var}_t(m_{t+1})}\left(-\frac{\mathrm{Var}_t(m_{t+1})}{E_t[m_{t+1}]}\right) \tag{9-9}$$

乘项的第一项为资产 i 对特定风险因子的暴露。在式(9-9)中，上市公司对特定风险因子的暴露(loading)会随着时间改变而改变，

① IPCA模型，英文全称为 instrumented principal component analysis，中文翻译为工具变量主成分分析法，该方法发表在金融学顶级期刊 *Journal of Financial Economics* 上。具体见：KELLY B T, PRUITT S, SU Y, 2019. Characteristics are covariances: a unified model of risk and return[J]. Journal of financial economics, 134(3): 501-524. 本书下面对模型的介绍和描述都是基于对原文的理解和翻译，该模型在中国的实际数据应用结果是本书作者的研究成果，有任何错误和遗漏之处，都是本书作者的问题，与原文作者无关。

被称为因子的动态暴露(dynamic loading)。在 IPCA 模型中，我们通过与上市公司信息相关的工具变量(instrumented variables)来求解最优的动态暴露。

IPCA 模型的一个优势就是改变了传统模型观测因子的方式。在资产定价中，第一种定义因子的方法是根据先验经验定义因子(pre-specified factors)，如 Fama-French 三因子模型中的市场因子 MKT、规模因子 SMB、价值因子 HML。这种因子由于数值与现实意义联系比较紧密，方便人们观测其数值变化，所以也被我们称为可观测因子(observable factors)。第二种定义因子的方法是将公司特征看作因子的表象，认为因子是不可观察的影响资产价格变动的原因，必须通过计算将表象重新解读才能挖掘出真正的因子。通常"真正因子"表现为观测特征的线性组合或非线性组合，这种隐藏在特征之下的因子被我们称为不可观测因子或隐藏因子(latent factors)。第二种典型方法便是 PCA 模型，通过同时估计因子值和因子暴露 β 来解释资产超额收益率。

IPCA 模型巧妙地结合了两种定义因子的优势，既容许部分特定因子为可观测特征，又可以将观察到的公司特征作为工具变量来估计隐藏因子的条件暴露(conditional loadings)，进而生成不可观测的 IPCA 因子。更值得一提的是，由于在通过工具变量计算因子暴露的过程是连续的，所以 IPCA 模型也能够连续地估计隐藏因子和它们的暴露。

2. 模型原理

对于未来超额收益率 $r_{i,t+1}$ 而言，IPCA 模型刻画如下：

$$r_{i,t+1}=\alpha_{i,t}+\beta'_{i,t}f_{t+1}+\varepsilon_{i,t+1}$$
$$\begin{cases}\alpha_{i,t}=\boldsymbol{z}'_{i,t}\Gamma_{\alpha}+v_{\alpha,i,t}\\\beta_{i,t}=\boldsymbol{z}'_{i,t}\Gamma_{\beta}+v_{\beta,i,t}\end{cases}\tag{9-10}$$

其中模型包括 T 个时间周期的 N 个资产，并且假设共具有 K 个隐藏变量 f_{t+1}。$\boldsymbol{z}'_{i,t}$ 是包含常数项在内的由 L 个工具变量组成的矩阵，由它来决定资产在潜在因子的暴露。

通过这种方式来构造暴露 $\beta_{i,t}$ 有两个重要的作用：①将暴露 $\beta_{i,t}$ 与工具变量联系起来，使得更多可观测信息可以被更充分地利用；②资产在因子的暴露将不再是静止的，而是可以根据当时可观测信息动态估计的。

我们可以将 Γ_β 看作一个从公司潜在大量特征映射到少数风险因子暴露的降维映射。众多的可观测特征将在分散最大化的最优条件下，变换为多个线性组合，最后保留能够最好描述潜在因子暴露的组合作为潜在因子的暴露，再进而根据暴露计算出因子值。暴露 $\beta_{i,t}$ 与工具变量信息没覆盖的部分(数据上表现为正交)都会落入 $v_{\beta,i,t}$ 中。

$\alpha_{i,t}$ 的构造方式与 $\beta_{i,t}$ 一样，在充分定价的市场当中，$E(\alpha_{i,t})$ 应该是等于 0 的。但是在实证资产定价当中，定价错误经常会出现，所以在模型的推导求解当中考虑了约束 Γ_α 等于 0(restricted model)和 Γ_α 不等于 0(unrestricted model)两个版本。在 IPCA 模型中，我们应该先假设检验 Γ_α 是否等于 0，再对应选取我们所使用的模型。具体假设检验的方式请参考 Kelly 等(2019)的研究。

由于通常我们对风险来源的解释性和独立性要求非常高，所以 K 是一个非常小的数字，然而工具变量 L 的维度却可以非常大。这也体现了 IPCA 模型充分利用潜在信息的优势。

3. 约束下的 IPCA 模型

首先我们来求解约束 Γ_α 等于 0 的模型。令 $\Gamma_\alpha=0$ 代入式(9-10)中，得到预期超额收益：

$$r_{i,t+1}=v_{\alpha,i,t}+\boldsymbol{z}'_{i,t}\Gamma_\beta f_{t+1}+v_{\beta,i,t}f_{t+1}+\varepsilon_{i,t+1}$$

令 $\varepsilon^*_{i,t+1}=v_{\alpha,i,t}+v_{\beta,i,t}f_{t+1}+\varepsilon_{i,t+1}$，得到

$$r_{i,t+1}=\boldsymbol{z}'_{i,t}\Gamma_\beta f_{t+1}+\varepsilon^*_{i,t+1} \tag{9-11}$$

不妨将式(9-11)写为向量形式 $\boldsymbol{r}_{t+1}=Z_t\Gamma_\beta f_{t+1}+\varepsilon^*_{t+1}$。$\boldsymbol{r}_{t+1}$ 代表 $N\times1$ 的公司超额收益信息，Z_t 代表 $N\times L$ 的公司特征信息。对于 Γ_β 和 f_{t+1} 参数估计问题，我们的优化目标为最小化模型残差平方和最小

$$\min_{\Gamma_\beta, F}\sum_{t=1}^{T-1}(r_{t+1}-Z_t\Gamma_\beta f_{t+1})'(r_{t+1}-Z_t\Gamma_\beta f_{t+1}) \tag{9-12}$$

使 f 和 Γ_β 满足一阶条件，有

$$\hat{f}_{t+1}=(\hat{\Gamma}'_\beta Z'_t Z_t\hat{\Gamma}_\beta)^{-1}\hat{\Gamma}'_\beta Z'_t r_{t+1}\ \forall t \tag{9-13}$$

以及

$$\mathrm{vec}(\hat{\Gamma}'_\beta)=\left(\sum_{t=1}^{T-1}Z'_tZ_t\otimes\hat{f}_{t+1}\hat{f}'_{t+1}\right)^{-1}\left(\sum_{t=1}^{T-1}[Z_t\otimes\hat{f}'_{t+1}]'r_{t+1}\right) \tag{9-14}$$

需要强调的是，估计参数在求解过程中是互相依赖的，所以并没有通常解析解，不过我们可以通过数值方法求解出来。(具体细节请参见 Kelly et al. ,2019 原文附录 A)

4. 无约束下的 IPCA 模型

在无约束条件下，我们并不要求 Γ_α 等于 0，此时模型假设截距项可以是工具变量的线性组合，其权重由 Γ_α 来定义。令 $\alpha_{i,t}=\mathbf{z}'_{i,t}\Gamma_\alpha+v_{\alpha,i,t}$ 代入预期超额收益，得到

$$r_{i,t+1}=\mathbf{z}'_{i,t}\Gamma_\alpha+\mathbf{z}'_{i,t}\Gamma_\beta f_{t+1}++v_{\alpha,i,t}+v_{\beta,i,t}f_{t+1}+\varepsilon_{i,t+1}$$

令 $\varepsilon^*_{i,t+1}=v_{\alpha,i,t}+v_{\beta,i,t}f_{t+1}+\varepsilon_{i,t+1}$，得到

$$r_{i,t+1}=\mathbf{z}'_{i,t}\Gamma_\alpha+\mathbf{z}'_{i,t}\Gamma_\beta f_{t+1}+\varepsilon^*_{i,t+1} \tag{9-15}$$

和约束下 IPCA 模型一样，我们写出式(9-15)的向量形式。令 $\tilde{\Gamma}\equiv[\Gamma_\alpha,\Gamma_\beta]$ 以及 $\tilde{f}_{t+1}\equiv[1,f'_{t+1}]'$，我们得到 $r_{i,t+1}=\mathbf{z}'_{i,t}\tilde{\Gamma}\tilde{f}_{t+1}+\varepsilon^*_{i,t+1}$。推导可知，$\tilde{\Gamma}$ 的一阶条件为

$$\mathrm{vec}(\hat{\tilde{\Gamma}}'_\beta)=\left(\sum_{t=1}^{T-1}Z'_tZ_t\otimes\hat{\tilde{f}}_{t+1}\hat{\tilde{f}}'_{t+1}\right)^{-1}\left(\sum_{t=1}^{T-1}[Z_t\otimes\hat{\tilde{f}}'_{t+1}]'r_{t+1}\right) \tag{9-16}$$

而 f_{t+1} 的一阶条件变成

$$f_{t+1}=(\Gamma'_\beta Z'_t Z_t\Gamma_\beta)^{-1}\Gamma'_\beta Z'_t(r_{t+1}-Z_t\Gamma_\alpha)\ \forall t \tag{9-17}$$

由于这里我们没有约束 Γ_α 等于 0，所以我们需要调整原来模型中的假设。我们现在加入假设 $\Gamma_\alpha{}'\Gamma_\beta=0_{1\times K}$，这样风险暴露就能够解释尽可能多的资产的平均收益情况，只有那些没有办法被解释的

正交余项才会被分配到截距项中。

5. IPCA 模型的拓展

IPCA 模型不仅可以像 PCA 模型那样，从众多的观测特征中提取各特征的线性组合作为新的 IPCA 因子，它还能够兼容根据先验经验定义的因子，如 MKT、SMB、HML、VMG、PMO 因子等。具体的模型框架如下：

$$r_{i,t+1}=\alpha_{i,t}+\beta_{i,t}f_{t+1}+\delta_{i,t}\boldsymbol{g}_{t+1}+\varepsilon_{i,t+1} \tag{9-18}$$

式(9-18)多出来的因子项 $\boldsymbol{g}_{t+1}$ 是 $M\times 1$ 的向量，代表 M 个先验的因子在 $t+1$ 时刻的因子收益率。我们同样允许工具变量的信息通过动态的方式融入资产对于先验的因子的暴露 $\delta_{i,t}$ 中：

$$\begin{cases}\alpha_{i,t}=\boldsymbol{z}'_{i,t}\Gamma_{\alpha}+v_{\alpha,i,t}\\ \beta_{i,t}=\boldsymbol{z}'_{i,t}\Gamma_{\beta}+v_{\beta,i,t}\\ \delta_{i,t}=\boldsymbol{z}'_{i,t}\Gamma_{\delta}+v_{\delta,i,t}\end{cases}$$

其中，Γ_{δ} 是从公司特征到暴露的 $L\times M$ 的线性映射。在上述拓展模型中，我们约束 $\alpha_{i,t}=0$，这样就能够更好地分析模型对于系统风险的暴露。同样地，可以将拓展模型写为向量形式：$r_{i,t+1}=\boldsymbol{z}'_{i,t}\widetilde{\Gamma}\widetilde{f}_{t+1}+\varepsilon^{*}_{i,t+1}$，其中 $\widetilde{\Gamma}\equiv[\Gamma_{\beta'},\Gamma_{\delta}]$，$\widetilde{f}_{t+1}\equiv[f'_{t+1},g'_{t+1}]'$。对于 $\widetilde{\Gamma}$ 的一阶条件可以写为

$$\operatorname{vec}(\hat{\widetilde{\Gamma}}'_{\beta})=\left(\sum_{t=1}^{T-1}Z'_tZ_t\otimes\hat{\widetilde{f}}_{t+1}\hat{\widetilde{f}}'_{t+1}\right)^{-1}\left(\sum_{t=1}^{T-1}[Z_t\otimes\hat{\widetilde{f}}'_{t+1}]'r_{t+1}\right) \tag{9-19}$$

f_{t+1} 的一阶条件变成

$$f_{t+1}=(\Gamma'_{\beta}Z'_tZ_t\Gamma_{\beta})^{-1}\Gamma'_{\beta}Z'_t(r_{t+1}-Z_t\Gamma_{\alpha}\boldsymbol{g}_{t+1})\ \forall t \tag{9-20}$$

- 核心实现代码解析

```python
# ipca Doc: https://bkelly-lab.github.io/ipca/
#1.模型声明
model = ipca.InstrumentedPCA(n_factors = 1, intercept = False, max_iter = 10000, iter_tol = 1e-05)
```

参数解析：

n_factors：默认1,IPCA模型估计的因子的个数。

intercept：默认False,是否带有截距项。

max_iter：默认10 000,迭代最大次数。

iter_tol：默认为1e-05,数值求解过程绝对收敛条件。

```
#2.模型训练
model = model.fit (X,y,PSF = None,Gamma = None,Factors = None,label_
ind = False)
```

参数解析：

X：索引为日期和个股,数据为公司对应特征变量值的双重索引dataframe。

y：索引为日期和个股,数据为公司对应下期收益率的Series或numpy array。

PSF：默认None,传入pre-specified factors。

Gamma：默认None,传入Gamma的迭代初始值。

Factors：默认None,传入Factors的迭代初始值。

label_ind：默认False,是否在计算过程中保留日期和个股作为索引。

```
#3.模型结果获取
Gamma,Factors = model.get_factors(label_ind = False)
```

参数解析：

label_ind：默认False,输出结果是否保留日期和个股作为索引。

返回值：

Gamma：估计得到的Gamma矩阵。

Factors：估计得到的各IPCA因子值。

```
```

```
#4.模型预测
y_pred = model.predict(X = None, W = None, mean_factor = False, label_ind = False)
```

参数解析：

X：索引为日期和个股，数据为公司对应特征变量值的双重索引 dataframe，用以预测。

W：默认 None，加权平均时各资产组合的权重。

mean_factor：默认 False，估计的因子值是否需要在预测前按时间序列平均。

label_ind：默认 False，是否在计算过程中保留日期和个股作为索引。

返回值：

y_pred：预测收益率序列。

二、IPCA 实证结果

IPCA 的实证设定与前面一致，不再重复说明，下文计算了 IPCA 分别包含 1～5 个因子的模型在无约束情况下的表现，如表 9-10 所示。

表 9-10　R^2 度量下不同 IPCA 模型样本外预测准确度　%

样本 \ 模型	IPCA1	IPCA2	IPCA3	IPCA4	IPCA5
All	0.45	0.46	0.46	0.50	0.52
Top 300	−1.11	−1.19	−1.06	−0.65	−0.55
Bottom 300	1.66	1.57	1.41	1.14	1.15

注：样本外测试时间：2010 年 1 月到 2020 年 12 月。

All 指全部样本的样本外 R^2，Top (Bottom)300 是指市值最大(小)的 300 只股票预测结果。从结果可见，全样本情况下，IPCA 模型的表现基本稳定。5 个因子时，即 IPCA5 模型的样本外 R^2 表现最好，达到 0.52%。

对于大市值股票而言，由于大市值股票的定价相对充分，IPCA模型的解释性不佳。不过IPCA模型在小市值股票的预测表现上相当出色。其中IPCA1在小市值样本的预测任务中表现最为出色，R^2 达到1.66%。在小市值的预测上，IPCA模型的样本外预测能力随着因子的增加而减弱，这表明更多的因子可能给模型带来过拟合的问题。

根据IPCA1～IPCA5模型给出的预测收益率，我们将预期收益率按分位数从小到大分为10组，并计算每组的月度收益率、月度标准差、年化夏普比率。表9-11显示了不同IPCA模型市值加权构建资产组合策略的结果，表9-12显示了等权加权的分组表现。Panel A描述了根据预期收益率构建投资组合的收益率。Lo_10表示的是根据预期收益率最低的10%股票构建的投资组合的收益率，Hi_10表示的是根据预期收益率最高的10%股票构建的投资组合的收益率。H_L表示的是Hi_10与Lo_10两个组合收益率之差。IPCA1表示的是只有一个因子的IPCA模型，IPCA5表示的是有5个因子的IPCA模型。Panel B描述了相应的投资组合的收益率的标准差；Panel C描述了相应的投资组合的年化夏普比率。

从表9-11可以得知，在市值加权的分组收益中，各个模型的分组收益的单调性表现比较一致。随着因子的增加，IPCA模型的表现也逐渐提升。IPCA5模型的Hi_10组获得最大收益，平均每月收益1.63%，年化夏普比率为0.64。IPCA5模型也获得最好的多空收益表现，月度收益率为2.34%，年化夏普比率为1.75。

从表9-12可以得知，在等权加权的分组收益中，各个模型的分组收益的单调性表现也非常良好。对于多头策略而言，模型表现随着因子数量的增加而改善。IPCA1模型的Hi_10组获得最大收益，平均每月收益2.31%，标准差为9.03%，年化夏普比率为3.04。对于多空策略而言，IPCA5模型获得最好的多空收益表现，月度收益率为3.35%，标准差为8.74%，年化夏普比率为3.71。综上所述，IPCA模型具有很好的样本外预测性，基于IPCA模型的股票预期收益率构建的多空对冲投资组合可以获得40.2%的年化收益率。

表 9-11　市值加权构建资产组合表现(样本外测试时间：2010 年 1 月到 2020 年 12 月)

Panel A. 市值加权机器学习资产组合分组收益率/%

RET	Lo_10	2_Dec	3_Dec	4_Dec	5_Dec	6_Dec	7_Dec	8_Dec	9_Dec	Hi_10	H_L
IPCA1	−0.33	0.11	0.52	0.76	0.54	0.83	1.24	1.35	1.69	1.54	1.87
IPCA2	−0.5	−0.11	0.45	0.68	0.83	1.12	1.28	1.01	0.98	1.48	1.99
IPCA3	−0.51	0.1	0.28	0.72	1.01	0.93	1.05	1.05	1.25	1.47	1.98
IPCA4	−0.59	−0.04	0.49	0.54	0.93	0.99	1.26	1.27	1.15	1.58	2.17
IPCA5	−0.71	−0.09	0.2	0.62	0.89	1.04	0.97	1.44	1.24	1.63	2.34

Panel B. 市值加权机器学习资产组合分组标准差/%

STD	Lo_10	2_Dec	3_Dec	4_Dec	5_Dec	6_Dec	7_Dec	8_Dec	9_Dec	Hi_10	H_L
IPCA1	7.58	6.57	6.57	6.36	6.53	6.72	6.97	7.12	7.98	8.1	4.63
IPCA2	7.79	6.96	6.82	7.02	6.65	6.75	6.93	6.67	7.32	7.7	4.15
IPCA3	7.54	6.97	6.93	6.67	6.59	6.84	7.12	7.07	7.54	7.8	4.4
IPCA4	7.46	6.57	6.95	6.6	6.7	6.84	7.23	7.21	7.39	7.97	4.37
IPCA5	7.91	7.12	6.6	6.76	6.58	6.54	7.12	7.19	7.35	7.83	4.3

Panel C. 市值加权机器学习资产组合分组夏普比率

SR	Lo_10	2_Dec	3_Dec	4_Dec	5_Dec	6_Dec	7_Dec	8_Dec	9_Dec	Hi_10	H_L
IPCA1	−0.24	−0.04	0.18	0.32	0.19	0.34	0.53	0.57	0.65	0.58	1.27
IPCA2	−0.31	−0.15	0.14	0.25	0.34	0.48	0.55	0.43	0.38	0.59	1.51
IPCA3	−0.32	−0.04	0.05	0.28	0.44	0.38	0.42	0.42	0.49	0.57	1.42
IPCA4	−0.36	−0.12	0.15	0.19	0.39	0.41	0.52	0.53	0.46	0.61	1.58
IPCA5	−0.39	−0.13	0.01	0.22	0.38	0.45	0.38	0.61	0.5	0.64	1.75

表 9-12 不同 IPCA 模型等权加权构建资产组合的绩效表现（样本外测试时间：2010 年 1 月到 2020 年 12 月）

Panel A. 等权加权机器学习资产组合分组收益率/%

RET	Lo _ 10	2 _ Dec	3 _ Dec	4 _ Dec	5 _ Dec	6 _ Dec	7 _ Dec	8 _ Dec	9 _ Dec	Hi _ 10	H _ L
IPCA1	−0.88	0.01	0.49	0.76	0.97	1.15	1.34	1.59	1.92	2.31	3.18
IPCA2	−0.99	0.08	0.54	0.85	1.03	1.14	1.42	1.57	1.82	2.21	3.2
IPCA3	−0.98	0.08	0.49	0.79	1.15	1.16	1.35	1.57	1.84	2.2	3.17
IPCA4	−1.02	0.02	0.58	0.78	1.02	1.18	1.34	1.65	1.85	2.26	3.28
IPCA5	−1.09	0.03	0.52	0.81	1.1	1.25	1.27	1.68	1.84	2.26	3.35

Panel B. 等权加权机器学习资产组合分组标准差/%

STD	Lo _ 10	2 _ Dec	3 _ Dec	4 _ Dec	5 _ Dec	6 _ Dec	7 _ Dec	8 _ Dec	9 _ Dec	Hi _ 10	H _ L
IPCA1	8.4	8.16	8.13	8.18	8.17	8.43	8.4	8.38	8.7	9.03	3.43
IPCA2	8.64	8.36	8.15	8.28	8.28	8.39	8.35	8.3	8.49	8.76	3.3
IPCA3	8.45	8.19	8.11	8.23	8.26	8.45	8.34	8.48	8.59	8.89	3.24
IPCA4	8.42	8.19	8.12	8.26	8.25	8.41	8.43	8.44	8.49	8.96	3.25
IPCA5	8.59	8.47	8.28	8.16	8.28	8.46	8.29	8.31	8.3	8.74	2.97

Panel C. 等权加权机器学习资产组合分组夏普比率

SR	Lo _ 10	2 _ Dec	3 _ Dec	4 _ Dec	5 _ Dec	6 _ Dec	7 _ Dec	8 _ Dec	9 _ Dec	Hi _ 10	H _ L
IPCA1	−0.44	−0.07	0.13	0.25	0.33	0.4	0.48	0.59	0.69	0.82	3.04
IPCA2	−0.47	−0.04	0.15	0.28	0.36	0.4	0.51	0.58	0.67	0.8	3.17
IPCA3	−0.48	−0.04	0.13	0.26	0.41	0.4	0.49	0.57	0.67	0.79	3.2
IPCA4	−0.5	−0.07	0.17	0.25	0.35	0.41	0.48	0.61	0.68	0.81	3.31
IPCA5	−0.52	−0.06	0.14	0.27	0.38	0.44	0.45	0.63	0.69	0.83	3.71

图 9-5、图 9-6 为 IPCA1～IPCA5 模型的 Lo_1 和 Hi_10 分别在市值加权和等权加权分组收益率下的累计收益曲线，其中 Lo_1 记为 Short，Hi_10 记为 Long。

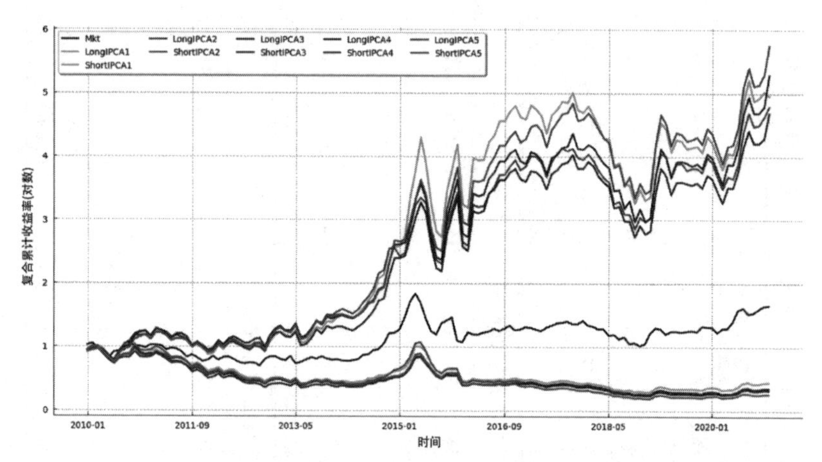

图 9-5　2010 年 1 月到 2020 年 12 月样本外机器学习资产组合策略累计收益率(市值加权)

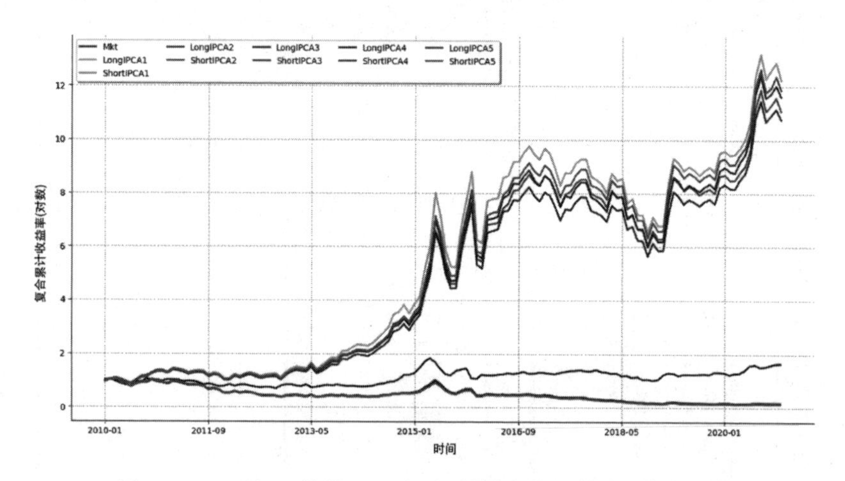

图 9-6　2010 年 1 月到 2020 年 12 月样本外机器学习资产组合策略累计收益率(等权加权)

从图 9-5 看，在市值加权下，由表现最好的 IPCA5 的 Hi_10 构建的纯多头资产组合从 2010 年 1 月至 2020 年 12 月的累计收益为 5.75 倍，平均月度收益率为 1.63%。

从图 9-6 看，在等权加权下，由 IPCA1 的 Hi_10 构建的纯多头资产组合从 2010 年 1 月到 2020 年 12 月的累计收益为 11.87 倍，平均月度收益率为 2.31%。

表 9-13 展示了 IPCA 模型进行 CH3 风险调整后的结果。在市值加权的情况下，风险调整后获得的 α 均小于 1.96。这是由于市值加权中大市值股票的收益率占主导，而大市值股票流动性更好，定价相对充分，其收益率难以预测。在等权加权的模型中，IPCA1～IPCA5 模型结果均显著，说明 IPCA 模型对于小股票收益率有较好的预测能力。

表 9-13　不同 IPCA 模型构建资产组合的风险调整后绩效表现

（样本外测试时间：2010 年 1 月到 2020 年 12 月）

统计量信息	IPCA1	IPCA2	IPCA3	IPCA4	IPCA5
Panel A. 市值加权机器学习资产组合 CH3 因子调整后收益					
平均收益率	1.869	1.985	1.978	2.167	2.34
α	0.832	0.861	0.784	0.929	0.963
α_T	(1.365)	(1.447)	(1.235)	(1.447)	(1.509)
R^2	0.058	0.058	0.056	0.052	0.056
Panel B. 等权加权机器学习资产组合 CH3 因子调整后收益					
平均收益率	3.184	3.197	3.173	3.282	3.35
α	1.481	1.41	1.35	1.44	1.504
α_T	(2.199)	(2.163)	(1.994)	(2.109)	(2.255)
R^2	0.09	0.089	0.089	0.09	0.088

注：α_T 为经过 Newey-West 调整后的 T 值。

表 9-14 与表 9-15 分别向读者展示了 IPCA 模型的收益率在不同的宏观经济环境、不同市场环境下的表现情况。从表 9-14 可以看出，模型多空组合收益率与宏观变量显著正相关的有 PMI(采购经理指数)：生产(0.15)、社会融资规模：当月值(0.12)，这可能是由

于经济旺盛,PMI持续推高,同时社融规模提升带来市场流动性增强,导致市场信心增强,与模型收益率呈现正相关。模型多空组合收益率与象征通货膨胀的CPI(消费者物价指数):环比和PPI(生产者物价指数):当月同比表现为负相关,分别为－0.24和－0.22。从表9-15中可以看出,与模型多空组合收益率显著正相关的变量有换手率(0.24),换手率提高说明市场交易活跃,通常是市场情绪较好的时候。显著负相关的变量有南华综合指数(－0.27)、南华工业品指数(－0.27)等各大商品指数,这说明当商品市场表现强劲时,模型在股票市场表现较为弱势,模型表现容易受到股票市场和商品市场的虹吸效应影响,与宏观变量中PPI上涨呈现负相关表现一致。在其他宏观和市场环境变量下,并没有发现模型收益率有较为明显的相关性。

表9-14 IPCA5模型多空组合收益率与宏观变量相关系数

变量含义	相关系数
PMI:生产	0.146 9
社会融资规模:当月值	0.123 6
社会融资规模:新增人民币贷款:当月值	0.109 7
PMI:采购量	0.107 6
PMI:新出口订单	0.107 2
PMI	0.105 1
PMI:进口	0.087 2
PMI:新订单	0.086 7
工业增加值:当月同比	0.072 2
PMI:在手订单	0.030 3
金融机构:短期贷款余额	0.024 5
PMI:产成品库存	0.014 4
社会消费品零售总额:当月同比	0.002 1
M1:同比	－0.003 3
固定资产投资完成额:累计同比	－0.017 6
金融机构:各项贷款余额	－0.023 8
M2:同比	－0.026 0
金融机构:中长期贷款余额	－0.044 5
社会融资规模:新增外币贷款:当月值	－0.064 4

续表

变量含义	相关系数
出口金额：当月同比	−0.071 0
财新中国 PMI	−0.077 3
PPI：全部工业品：环比	−0.106 1
CPI：当月同比	−0.110 4
M0：同比	−0.125 1
进出口金额：当月同比	−0.126 8
PPI：生活资料：当月同比	−0.133 1
产量：发电量：当月同比	−0.149 1
进口金额：当月同比	−0.163 7
工业企业：出口交货值：当月同比	−0.173 3
PPI：生产资料：当月同比	−0.217 1
PPI：全部工业品：当月同比	−0.218 3
CPI：环比	−0.243 0

表 9-15　IPCA5 模型多空组合收益率与股票市场、债券市场、期货市场部分变量相关系数

变量含义	相关系数
换手率	0.242 0
市净率	0.071 4
期限利差	0.066 5
沪深 300 收益率	0.043 3
上证 50 收益率	0.042 0
信用利差	0.032 8
市盈率	0.006 6
中证 500 收益率	0.000 2
国债到期收益率：10 年	−0.011 8
成交金额	−0.032 9
成交量	−0.048 6
国债到期收益率：1 年	−0.050 8
南华农产品指数	−0.112 8
企业债到期收益率(AAA)：1 年	−0.128 7
南华贵金属指数	−0.140 5
南华金属指数	−0.231 5

续表

变量含义	相关系数
南华能化指数	−0.258 7
南华工业品指数	−0.270 6
南华综合指数	−0.271 0

注：股票市场数据为 Wind 数据库全 A 个股算数平均。

表 9-16、图 9-7 展示了股票特征对于 IPCA5 模型的重要性得分排序。重要性得分的计算方法如下：假设已计算出 IPCA5 模型的样本内预测 R^2，在计算特征 i 的重要性时，在保持其他特征不动的情况下，将该特征的值赋为 0 得到新的预测收益率序列，并计算新序列的样本内预测的 R^2，记为 $\widetilde{R}_i^2$。用 $R^2-\widetilde{R}_i^2$ 的值作为特征 i 的重要性，再归一化得到得分。

表 9-16　各特征对 IPCA5 样本外测试的重要性(前 20)

特征名	得分/%	特征类型
am_ratio	11.59	价值类
mdr	8.66	流动性类
fscoreq	6.39	财务类
facap	5.14	流动性类
bm_ratio	5.05	价值类
roa	4.93	财务类
zscoreq	4.76	财务类
blq	4.13	财务类
almq	3.84	财务类
dm_ratio	3.68	价值类
tv1	3.03	波动率类
turn1_daily	2.56	流动性类
dtv1_daily	2.42	流动性类
12_M_DY	2.39	价值类
roe	2.09	财务类
vturn6_daily	1.33	流动性类
vdtv6_daily	1.27	流动性类
idvc12	1.25	波动率类
oplaq	1.20	财务类
dtv6_daily	1.17	流动性类

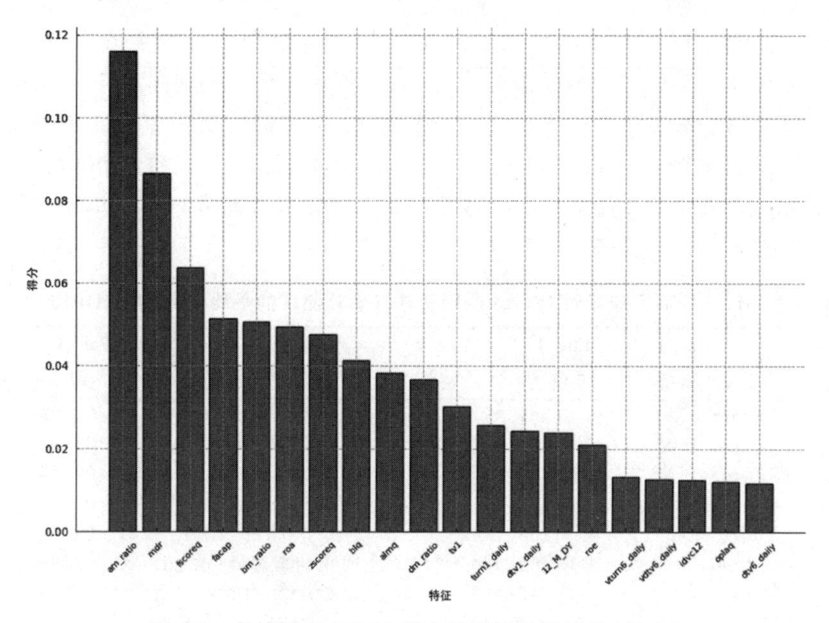

图 9-7　各特征对 IPCA5 样本外测试的重要性(前 20)

对 IPCA5 模型重要性的前 20 个因子占据总重要性的 76.9%。其中财务类特征有 7 个,共占据 27.3%的重要性;流动性特征共有 7 个,共占总重要性得分的 22.6%;价值类特征 4 个,共占 22.7%;波动率(风险)类特征 2 个,共占 4.3%。排名前三的特征分别是账面总资产与市值比(am_ratio)、最大日度回报股价(mdr)、基本面综合评分 F(fscoreq),重要性得分分别为 11.59%、8.66%、6.39%。

其中,财务类特征最重要的是基本面综合评分 F[fscoreq]、总资产收益率(roa)、基本面综合评分 Z[zscoreq]得分分别为 6.39%、4.93%、4.76%;流动性类特征最重要的是最大日度回报股价(mdr)、流通市值(facap),得分分别为 8.66%、5.14%;价值类特征最重要的特征为账面总资产与市值比(am_ratio)、账面总权益与市值比(bm_ratio),得分分别为 11.59%、5.05%;波动率(风险)类特征最重要的是总波动率(tv1),得分为 3.03%。综上所述,我们看到 IPCA 模型可以很好地提取股票的特征。

表 9-17 展示了部分股票特征在 IPCA5 模型中各因子的 Γ_β 的值及标准差。每个因子上的 Γ_β 向我们展示了各个特征线性映射到每个因子的过程。在 Fac_1_上，平均 Γ_β 最大的特征主要有正向特征账面总资产与市值比(am_ratio，0.381)、账面总权益与市值比(bm_ratio，0.27)、总资产收益率(roa，0.265)，这表明 Fac_1_因子可以理解为价值因子。

表 9-17 各特征变量对 IPCA5 各因子在样本外测试的平均 Γ_β(前后 TOP10)

序号	Fac_1_特征	Fac_1_值	Fac_2_特征	Fac_2_值	Fac_3_特征	Fac_3_值
1	am_ratio	0.381	tv1	0.161	dtv6_daily	0.164
2	bm_ratio	0.27	lm1_daily	0.151	roe	0.137
3	roa	0.265	dtv6_daily	0.145	oplaq	0.113
4	facap	0.262	am_ratio	0.126	am_ratio	0.089
5	zscoreq	0.254	oplaq	0.097	ep_ratio	0.084
6	blq	0.242	blq	0.081	droa	0.080
7	mdr	0.216	tv6	0.062	vturn6_daily	0.074
8	abturn_daily	0.124	mom1	0.058	ocfp_ratio	0.069
9	droa	0.124	idvc1	0.058	olq	0.067
10	vturn6_daily	0.116	vturn1_daily	0.058	idvc12	0.061
−10	ep_ratio	−0.073	facap	−0.053	almq	−0.069
−9	tv1	−0.078	idvc12	−0.055	sp_ratio	−0.071
−8	olq	−0.083	turn6_daily	−0.066	turn6_daily	−0.086
−7	vdtv6_daily	−0.107	opleq	−0.070	vdtv6_daily	−0.089
−6	12_M_DY	−0.138	rnaq	−0.071	mom1	−0.092
−5	roe	−0.166	Amil_daily	−0.087	dtv1_daily	−0.104
−4	turn1_daily	−0.179	idvc6	−0.091	opleq	−0.109
−3	dm_ratio	−0.195	dtv1_daily	−0.170	facap	−0.142
−2	almq	−0.233	dm_ratio	−0.191	roa	−0.159
−1	fscoreq	−0.312	mdr	−0.289	fscoreq	−0.168

序号	Fac_4_特征	Fac_4_值	Fac_5_特征	Fac_5_值	Incpt_特征	Incpt_值
1	dtv1_daily	0.103	dtv6_daily	0.193	idvc12	2.417
2	vturn1_daily	0.103	age	0.134	mdr	2.262
3	ep_ratio	0.103	idvff1	0.129	dm_ratio	1.886
4	pr	0.094	opleq	0.097	fscoreq	1.540
5	olq	0.091	idvc12	0.096	almq	1.530
6	pmq	0.083	Amil_daily	0.081	dtv1_daily	1.435

续表

序号	Fac_4_特征	Fac_4_值	Fac_5_特征	Fac_5_值	Incpt_特征	Incpt_值
7	idvc1	0.068	Ami6_daily	0.080	bm_ratio	1.237
8	oplaq	0.065	idvc6	0.076	age	1.141
9	lm1_daily	0.054	rnaq	0.067	opleq	1.036
10	beta6	0.054	beta12	0.064	roe	0.844
−10	Ami6_daily	−0.068	oplaq	−0.068	pr	−0.972
−9	rnaq	−0.075	turn6_daily	−0.076	dtv12_daily	−1.005
−8	roa	−0.077	roe	−0.078	tv12	−1.156
−7	dm_ratio	−0.083	mom6	−0.079	tacap	−1.469
−6	opleq	−0.089	imom11	−0.083	vdtv1_daily	−1.490
−5	fscoreq	−0.095	pr	−0.086	beta6	−1.492
−4	vdtv1_daily	−0.108	mom1	−0.091	idvff12	−1.734
−3	mdr	−0.122	tv12	−0.104	vturn1_daily	−1.862
−2	age	−0.129	idvc1	−0.187	vturn6_daily	−1.923
−1	facap	−0.153	tacap	−0.240	am_ratio	−2.832

在 Fac_2_上，平均 Γ_β 最大的特征主要有：正向特征总波动率(tv1,0.161)、去零交易日调整后换手率(lm1_daily,0.151)、成交量(dtv6_daily,0.145)，这表明 Fac_2_可以理解为流动性因子。流动性因子在中国市场上具有良好的预测效果，其原因有两点：①持有流动性低的股票资产在市场衰退时面临无法处置资产的损失会远远大于持有流动性高的股票。非流动性溢价弥补了这种低流动资产的风险从而带来的风险溢价。②中国市场制度依然处于不断完善的阶段，涨跌停板和公司随意停牌制度进一步提高了中国流动性低股票的溢价程度。

在 Fac_3_上，平均 Γ_β 最大的特征主要有正向特征成交量(dtv6_daily,0.164)、净资产收益率(roe,0.137)、主营业务利润率(oplaq,0.113)，这表明 Fac_3_因子可以理解为盈利因子。

Fac_4_和 Fac_5_融合了更为广泛的股票特征，每个特征的重要程度也就较为分散。

图 9-8 展示了 IPCA5 模型各因子上 Γ_β 值最大和最小的 10 个特征，直观地向我们展示了每个特征影响因子的过程。

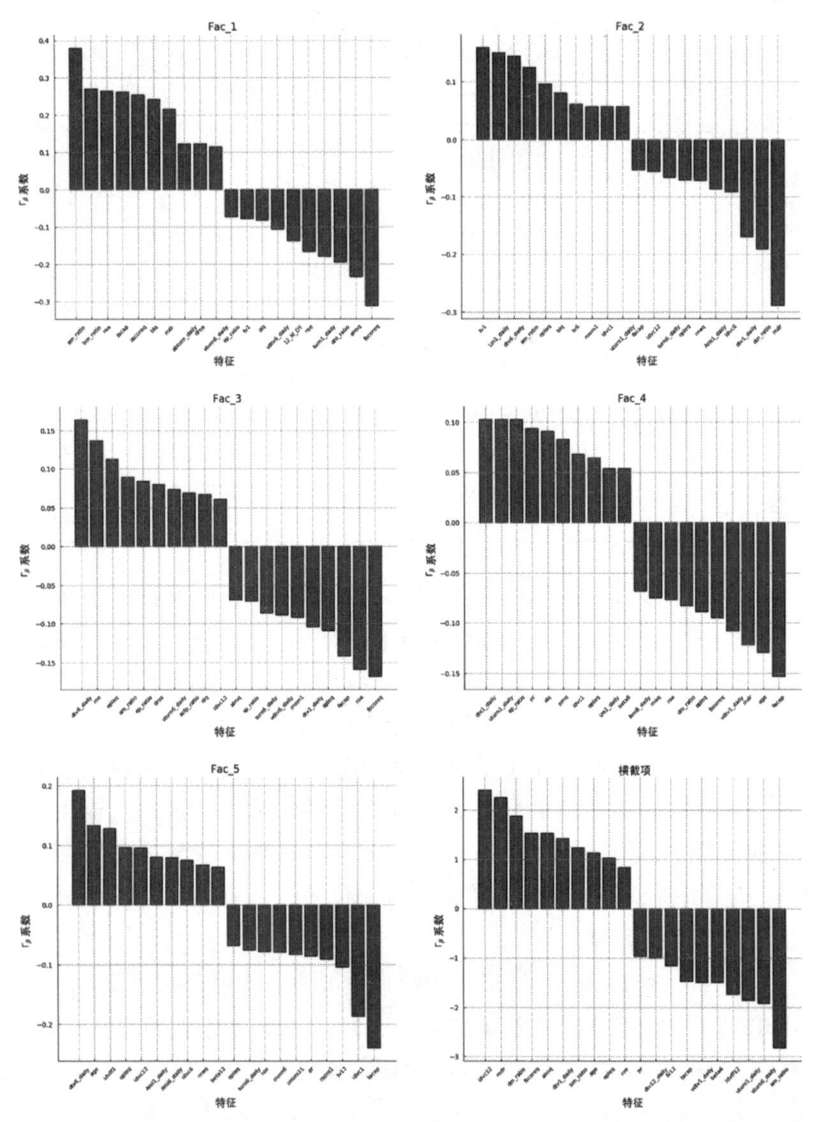

图 9-8　各特征在 IPCA5 各因子上的 Γ_β 值(正负前 10)

参考文献

鲁臻,邹恒甫,2007.中国股市的惯性与反转效应研究[J].经济研究(9):145-155.

GU S,KELLY B,XIU D C,2020. Empirical asset pricing via machine learning [J]. The review of financial studies,33:2223-2273.

第十章

结语与未来展望

本书全面细致地带领读者学习了经典经济学习模型在资产定价核心问题——股票收益率预测上的应用。这仅仅为读者了解机器学习这个工具如何应用在实际金融问题中提供了一个案例。机器学习方法帮助我们更好地在一个更加复杂和稀疏的信息集中,理解引起资产价格变动的因素,这不仅能够在实证上为资产定价研究提供更加有效的预测工具,同时也能够在理论层面引领学者思考数据背后的逻辑。本章列举一些机器学习在资产定价中其他领域[①]可能的落地场景,供读者参考。

第一节　机器学习模型与另类数据

一、文本分析

自然语言处理是机器学习模型的一个重要分支,这类模型使计算机能够进一步从海量的文本数据中挖掘有效信息。自然语言处理在工业界有着广泛的应用,从简单的翻译任务到复杂的语音机器人都用到这项技术。在资产定价领域中,最直接的应用场景就是从海量的宏观政策、新闻报道、社交媒体、公司财报、分析师研报等文本数据中,分析其中蕴含的信息是如何影响股票价格变动的(Gentzkow et al.,2019)。最开始的文本文献中,是通过简单地数负(正)面情绪词数来度量文本中蕴含的信息,如 Loughran 和 McDonald (2011) 基于美国的金融财务报告内容,构建了金融词语情绪字典,进一步研究发现,美国财报中文字蕴含的情绪信息与股票未来的收益率、交易量和波动率相关。上面方法最大的问题有三点:①事前人为构建的金融词语情绪字典的词语是有限的,对于新

---

① 机器学习算法在经济学中的应用也是与日俱增,如机器学习算法也被广泛用于因果推断中的控制组的反事实估计中(Athey et al.,2019)。本书篇幅有限,只聚焦于金融学资产定价领域的一些常见应用,不广泛展开机器学习算法在经济学科中的应用。

出现的,或者原本就未在词典中出现的词语,是无法正常识别的;②人为构建的金融词语也可能存在误差,情绪分类不一定完全精确;③语言是有顺序的,有些词语的情绪判断是需要根据上下文语境的。随着机器学习方法在自然语言处理领域应用的深入,越来越多的论文基于机器学习算法,从以上几个方面来推动文献不断进步。例如,Ke 等(2021)基于机器学习监督训练的方法,而不是金融词典的方法来识别新闻媒体的情绪。研究发现,基于机器学习监督训练方法进行情绪打分构建的投资组合收益率显著高于传统的情绪字典方法。

二、图片识别

使用机器学习算法来处理图片识别任务也在业界有着很多成功的案例,如人脸识别技术、智慧医疗中的癌症识别任务等。在经济学领域中,也有相关基于卫星遥感灯光数据来作为 GDP 的代理变量在展开的一些研究。资产定价领域中,最直接的应用场景依然是基于股票的 K 线形态来预测股票未来的收益率走势(Jiang et al.,2021),研究发现基于卷积神经网络模型对美国股票日度收益率的高开低收形态进行训练学习后,能够有效地预测股票未来收益率。除了直接从股票 K 线形态入手外,Obaid 和 Pukthuanthong (2021) 基于美国新闻媒体中图片的数据,提取了投资者情绪相关的信息。研究发现,新闻媒体图片蕴含的投资者情绪信息能够有效预测美国股票市场层面的未来收益率,并且这种预测能力在市场套利活动受限时会更强。

第二节　机器学习模型与其他资产定价问题

一、时间序列预测

时间序列是金融数据中最常见的数据类型,数据有独特的形式,也蕴含着丰富的信息。很多机器学习模型也是专门应用于处理时序模型的，如循环神经网络模型[①]。时间序列模型可以用于提取金融时间序列中蕴含的信息，从而用于分析指数收益率预测、波动率预测等问题。陈卫华和徐国祥（2018）利用深度学习和股吧发帖数增长率数据对沪深 300 指数波动率进行样本外预测，并将预测结果与 19 种波动率预测模型做对比，研发发现深度学习预测效果明显好于选取的其他对比模型。

二、构建资产定价因子

资产定价模型的风险因子是资产定价理论的基石，因此正确估计资产定价模型因子是金融领域研究的重要问题。然而因为影响股票市场的宏观和微观的特征较多，想要很好地获得资产定价模型的风险因子估计是一个非常具有挑战性的任务。Gu 等（2021）基于自编码机（autoencoder）模型从 94 个个股股票特征中提取有效市场信息，研究发现基于自编码机获得的资产定价模型要远远好于传统的基准 Fama French 模型。Chen 等（2021）使用循环神经网络模型和对抗式生成网络模型从大量股票特征和宏观信息中提取信息，文章的创新点在于使用了金融学基本的无套利条件作为筛选标准，使用对抗性方法来构建信息含量最大的测试资产组合。研究发现该模型下构建的资产定价模型的样本外夏普比率、可解释方差和定价误差都显著优于传统模型。

三、投资组合构建

投资组合构建是资产定价理论和实践中最重要的问题之一。理论上来说，根据马科维兹的投资组合理论，只要获得底层资产的预期收益率和资产的协方差矩阵，就能够很容易根据投资者的效用

① 循环神经网络（recurrent neural network，RNN）模型是一种为了处理时间序列数据而专门设计的神经网络结构，这类神经网络模型以序列数据作为输入，它们不仅会考虑当前的输入，还会考虑到前面时刻的信息。长短记忆（long short term memory）模型就是比较重要且常用的 RNN 模型的一种。

函数解除该投资者的最优优质组合。但是在实际投资过程中,资产的预期收益率和协方差矩阵都很难获得比较准确的估计。Cong 等(2021) 通过强化学习(reinforcement learning)直接优化投资组合管理的目标。其论文使用了多序列神经网络模型对资产的经济和金融特征进行信息提取,并使用强化学习模型训练模型以捕捉市场反应。研究发现,通过以上人工智能方法构建的投资组合能够获得出色的样本外表现(月度再平衡下投资组合的夏普比率超过 2 和月度风险调整后的 α 高达 0.13),并且结果在各种经济限制和市场条件下(例如排除小股票和不能卖空的情况)都是稳健的。

参考文献

陈卫华,徐国祥,2018. 基于深度学习和股票论坛数据的股市波动率预测精度研究[J]. 管理世界(1): 180-181.

ATHEY S, IMBENS G W, 2019. Machine learning methods that economists should know about[J]. Annual review of economics, 11: 685-725.

CHEN L Y, PELGER M, ZHU J, 2021. Deep learning in asset pricing[R]. Working Paper.

CONG L, TANG K, WANG J, et al., 2021. AlphaPortfolio: direct construction through deep reinforcement learning and interpretable AI[R]. Working Paper.

GENTZKOW M, KELLY B, TADDY M, 2019. Text as data[J]. Journal of economic literature, 57: 535-574.

GU S, KELLY B, XIU D, 2021. Autoencoder asset pricing models[J]. Journal of econometrics, 222: 429-450.

JIANG J, KELLY B, XIU D, 2021. (Re-)Imag(in)ing price trends[R]. Working Paper.

KE Z, KELLY B, XIU D, 2021. Predicting returns with text data[R]. Working Paper.

LOUGHRAN T, MCDONALD B, 2011. When is a liability not a liability? Textual analysis, dictionaries, and 10-Ks[J]. The journal of finance, 66(1): 35-65.

LOUGHRAN T, MCDONALD B, 2016. Textual analysis in accounting and finance: a survey[J]. Journal of accounting research, 54(4): 1187-1230.